KB269868

너랑 나랑 통하는
미분적분

너랑 나랑 통하는 미분적분

노구치 데쓰노리 · 타마고마고 지음

김소영 옮김

살림Friends

* * *

내 이름은 미카미 마사노리. 고등학교 2학년이다.

수학기호 같은 건 암호로밖에 보이지 않는 찌질이다.

아니나 다를까 미분적분 시험에서 낙제점을 받아 재시험을 보게 되는 불상사가!

하지만 웬걸, 인생은 아무도 모르는 것.

나는 우연한 계기로 수학을 좋아하는 여학생, 사토미 사야카를 알게 되고 그 애한테서 미분적분을 배우게 된다.

미분적분이라면 무진장 어려울 것이라는 선입견밖에 없던 나는 사토미한테 배우면서 사토미의 매력……이 아니라 미분적분의 매력……을 조금씩 알아간다.

그리고 미분적분의 기초적인 부분을 이해하는 정도는 나도 할 수 있다는 사실을 알았다.

한마디로 말해 수학에 젬병이던 나도 이해할 수 있었으니 미분적분이 생각만큼 어려운 건 아니라는 소리다.

거기다 내가 이런 말을 하게 되다니 나도 믿기지 않지만 '미분적분이 의외로 재미있다?'는 생각까지 하게 됐다.

그런 생각을 하게 된 건 따지고 보면 다 사토미가 뛰어나게 잘 가르친 덕분인지도 모르겠다. 뭐, 좌우지간 사토미 사야카라는 여학생은 수학을 정말 사랑한다. 사토미는 '미분과 적분의 신비한 관계'를 처음 안 순간 감동해서 눈물까지 흘린 애라니까.

수학에 감동을 받아 울어 버리다니, 처음에는 좀 황당한 소리라고 생각했지만 나도 사토미가 느끼는 풍경을 보고 감동을 느끼고 싶어졌다, 이거지.

* * *

여기까지는 이 책의 주인공인 미카미 마사노리의 이야기를 빌린 것입니다. 눈치 채셨겠지만 이 책은 바로 '미분적분이란 무엇인가', '미분적분으로 무엇이 가능한가' 등의 미분적분의 기초적인 사고법이나 계산방법을 첫 걸음부터 가능한 한 이해하기 쉽게 해설한 입문서입니다.

또한 이미 설명한 것처럼 단순한 해설서가 아닌 라이트 노벨 풍으로 만들어 등장인물과 함께 미분적분의 세계를 체험할 수 있도록 했습니다.

　강력한 조력자, 타마고마고 씨의 도움 덕에 수학책인데도 '이렇게 재미있게 술술 읽혀도 되는 거야?' 싶을 만큼 라이트노벨로써도 충분히 즐길 수 있게끔 내용으로 완성되었습니다.

이 책의 목표는 바로!
"미분적분은 의외로 간단하다!"
"미분적분은 이렇게 재미있는 것이다!"
하고 여러분이 조금이라도 느껴주시는 것입니다.

　이 책을 읽음으로써 미카미 마사노리처럼 처음에는 어려운 외계어처럼 보이던 미분적분이 의외로 간단하고 뜻밖으로 재미있는 것임을 알 수 있게 된다면, 또는 사토미 사야카처럼 감동까지 하게 된다면 저자로서 이보다 기쁜 일은 없을 것입니다.

2011년 6월
노구치 데쓰노리

6

마사노리의 우울

낙제.

그것은 고등학생인 우리에겐 공포의 단어다.

내 책상에 놓인 미적분 답안지에 적힌 점수는 '13'. 음. 불길하기 짝이 없네. 어떻게 보면 이 점수에 딱 맞춘 나란 사람, 혹시 천재 아닐까?

"어? 마사노리는 역시 낙제?"

반 친구인 미야하라 야스코, 일명 얏코가 머리카락을 쓸어 올리며 내 답안지를 들여다본다.

"우와아. 13점…… 불길하다……."

"그러게 말이다……. 근데 불길한 건 숫자뿐이 아니야, 알아?"

"아하, 네네. 그러니까 이거 말이지?"

"낙제."

우리 두 사람의 목소리가 합창을 이루었다.

“아아. 재시험!”

얏코가 팔짱을 끼고 깔깔대며 웃었다.

“시끄러워. 그러는 넌 얼마나 잘 받았는데!”

“짜잔. 놀라지 마시라. 85점이지롱!”

얏코가 들이민 답안지에는 틀림없는 85라는 숫자가. 오오, 누, 눈부시다. 너무도 눈이 부셔서 눈을 뜰 수가 없어!

“헐, 너처럼 촐랑촐랑 놀기만 하는 애가…… 어떻게 85점을, 거짓말이지, 거짓말이라고 해줘!”

“나 참, 깨끗하게 인정할 줄을 모르네. 내가 이래봬도 공부를 이만큼 열심히 하니까 패션에도 신경 쓸 수 있는 거라고!”

얏코는 내 답안지를 움켜쥐더니 그대로 내 얼굴에 갖다 댔다.

“젠장. 미적분 같은 걸 생각해 낸 인간은 대체 누구야. 이런 걸 누가 알 거라고!”

“너, 뉴턴이랑 라이프니츠한테 사과해!”

“뭐? 그 인간들이 누군데.”

“하아, 넌 수업시간에 대체 뭘 들은 거야…….”

얏코는 땅이 꺼져라 한숨을 내쉬었다.

“뉴턴은 만유인력을 발견한 영국의 천재 과학자. 물리학

이랑 천문학을 연구했지만 미분적분도 발견했지. 라이프
니츠는 독일의 수학자이면서 철학자. 비슷한 타이밍에 미
분적분을 발견했어. 이 두 사람 덕분에 지금 미분적분을
쓸 수 있게 된 거야."

"아아, 생각났다. 그래서 누가 먼저 발견했는지 싸웠다
고 했던가? 재판으로."

"그래. 뭐야, 멀쩡히 잘 들었네. 그런데 어떻게 13점을
받을 수가 있냐."

"야! 애들 다 듣잖, 아…… 벌써 다 들었구나……."

반 친구들은 나를 보며 킥킥 웃거나 딱하다는 표정으로
혀를 찬다. 이건 낙제자를 두 번 울리는 것이다…….

"아, 재시험이라니. 사람 살려. 난 그냥 수학을 못하는
정도가 아니라고. 그게 외계어지 뭐야."

나는 머리를 감쌌다.

"도서실에서 공부하려고 해도 안정이 안 돼서 머리에 하
나도 안 들어오고, 거기 사람 많아서 싫단 말이야. 게다가
아무리 뚫어져라 참고서를 쳐다봐도 그저 눈앞에서 그림들
이 넘실대는 것 같다니까."

아아, 악몽 같은 수학에 농락당하다니! 가엾도다, 나의
인생이여.

"그럼 구관 쪽을 이용해보는 건 어때?"

얏코가 느릿느릿 말했다.

"거긴 아마 아무도 안 찾아와서 조용하지 않을까?"

"구관……? 거기 도서실이 있던가?"

지금 우리가 있는 곳은 신관. 구관이라고 하는 곳은 지은 지 오래된 낡은 이층짜리 목조건물을 말한다.

신관과는 복도로 이어져 있는데 현재는 문화부가 일부 교실을 동아리실로 사용하고 있을 뿐 거의 창고처럼 쓰고 있다.

다시 말해서 웬만한 일이 아니고서는 아무도 구관 쪽으로 가지 않는다는 소리다. 당연히 도서실도 이미 신관으로 이전한 상태다.

"그게, 있다니까. 2층 맨 구석에. 전에 창고로 쓸 때는 엄청 지저분했는데 지금은 버리기 직전의 헌책들이 깔끔하게 꽂혀 있대. 옛날 도서실처럼 되어 있다던데."

얏코는 얄궂게 진지한 표정으로 말했다.

"그 말은, 누군가가 책을 꽂아 놓았다…… 이 말이잖아?"

"그렇지. 하지만 거기 멀어서 아무도 안 가기도 하고 뭐…… 얼마 전까지만 해도 귀신 출몰 장소 취급을 당했지만 말이야. 그나마도 이제 시들해져서 귀신이 나오거나 말거나, 싶은 상태라고는 하던데, 친구가 그러더라고."

"믿거나 말거나 이제 막 던지신다 이거냐……."

"뭐, 아무한테도 피해 안 가잖아. 어쨌거나 이 얏코님은 동아리 활동이 있어서 이만. 마사노리는 '구' 도서실에 잘 다녀오시게! 아무도 없으니까 공부 잘될 거야. 그럼 안녕!"

"야야! 잠깐, 좀 무책임한 거 아니야?"

내 말은 귓등으로도 듣지 않고 얏코는 깨금발로 깡충대며 교실 밖으로 나갔다.

항상 이렇다니까. 아무 생각도 없겠지, 저 녀석. 나도 말은 이렇게 하지만 내 의지에 불이 붙은 것은 사실이었다.

어차피 흥미도 없는 수학공부다. 평소 가지 않는 구관 탐험이라, 재미있잖아. 가보고 아무 것도 없으면 그것도 그것대로 이야깃거리가 될 테고. 한번 해보지 뭐.

나는 수학 노트와 교과서, 그리고 저주받은 13점짜리 답안지를 거머쥐고 전인미답의 구관으로 쳐들어갔다.

* * *

구관은 생각보다 깨끗했다.

그야 그렇겠지. 폐허도 아니고.

그래도 신관과는 비교도 안 되게 낡은 것만은 분명하다.

걸을 때마다 복도가 삐걱삐걱 울린다.

하지만 목조 건물에 비춘 석양이 따뜻한 색감을 자아내 왠지 기분이 좋다.

문화부가 동아리실로 쓰고 있는 1층은 조금 시끌시끌했지만 와자지껄한 신관 건물에 대면 완전히 다른 세상 같다.

이거 밤에 혼자 오면 무서울지도 모르겠는데……. 안 돼, 너무 깊이 생각하지 말자.

우선 나는 뉴턴과 라이…… 라이…… 뭐더라? 아무튼 그들을 쓰러뜨리러 가야 한다. '구' 도서실에서 말이지!

2층 맨 안쪽의 교실은 절간처럼 조용했다.

들은 게 없다면 여기에 교실 하나가 더 있다는 걸 깨닫지 못했을 것이다. 애들이 귀신 출몰 장소로 취급한 것도 충분히 이해가 간다.

나는 쓴웃음을 지으며 도서실 문을 열었다.

놀라울 정도로 정돈된 책장. 산처럼 쌓여 있는 오래된 책들. 직사광선에 노출되지 않도록 천으로 책을 덮어 놓기까지 한 걸 보면 신경을 많이 쓴 것 같다.

누군가의 손길이 없고서는 이런 관리가 가능할 리 없다.

책상도 깨끗하게 정리되어 있어 공부하기에는 더할 나위 없이 괜찮아 보인다. 하지만 아무리 둘러봐도 이 교실에

나 말고는 아무도 없다.

"이런 곳이 있었구나……."

평소 혼잣말을 하지 않는 성격이지만 감탄해서 나도 몰래 말을 뱉어냈다.

그러자 카운터 테이블 쪽에서 우당탕 소리가 들려왔다.

엇. 나는 바짝 얼어서는 튈 듯이 뒷걸음질을 친다. 뭐지? 쥐가 있나?

흘깃 카운터를 본다. 멀찌감치에서는 누가 있을 것 같지 않다. 혹시라도 동물 같은 게 갑자기 확 덤벼들면 곤란하니까 살금살금.

카운터를 들여다보니 안에는 작은 여학생이 뒤로 자빠진 의자와 함께 얼크러진 형태로 넘어져 있었다.

중학생인가? 아니지, 교복이 우리 학교 옷인 걸 보면 고등학생인가. 그런데 교복이 너무 헐렁한데.

좀 긴 듯한 커트머리에 촌스러운 안경. 다른 여학생들과는 달리 짧게 줄이지 않은 기다란 교복 치마.

그리고 그 애의 주위에는 딱 보기에도 어려워 보이는 두툼한 책들이 널브러져 있었다.

이것이 나와 그 애의, 그리고 수학과의 첫 만남이었다.

Contents

책머리에 ... 4

프롤로그 _ 마사노리의 우울 ... 7

제1장 미분적분? 참 쉽지!

1일째(월요일)

수학 그리고 여학생 ... 18

미분적분이란? ... 26

미분적분과 컵에 받는 물 ... 28

자동차의 속도계는 미분, 거리계는 적분 ... 30

미적분의 문을 두드리다 ... 38

◆ 1일째 총정리 ... 42

제2장 미분의 기초

2일째(화요일)

도서실의 하나코 ... 46

미분과 그래프의 관계 ... 51

함수란 무엇인가? ... 61

다양한 함수 ... 65

$y=f(x)$란? ... 68

◆ 2일째 총정리 ... 72

3일째(수요일)

직선의 기울기란? … 74

직선의 기울기는 계수를 보면 알 수 있다 … 84

속도는 기울기 … 89

곡선의 기울기란? … 92

곡선의 기울기와 극한치 … 97

곡선의 기울기는 접선의 기울기 … 101

사토미의 노트 … 104

◆ 3일째 총정리 … 107

제3장 미분해 보자

4일째(목요일)

왜 미분이 필요한가? … 114

도함수를 구하는 법 … 120

그래프의 형태를 예측해보자 … 124

'예'와 '아니오'의 선택지 … 129

도함수와 그래프의 관계 … 133

로프로 에워싼 토지의 넓이를 최대로 하려면? … 136

사토미한테서 온 메일 1 … 141

집에서 … 142

◆4일째 총정리 … 146

제4장 적분의 기초

5일째(금요일)

적분은 고대 이집트에서 탄생했다 … 150

아르키메데스의 실진법 … 154

적분이란 잘게 쪼갠 것을 쌓는 것 ··· 156
첫 약속 ··· 157
◆ 5일째 총정리 ··· 160

6일째(토요일)

사토미한테서 온 메일2 ··· 161

제5장 적분해 보자

7일째(일요일)

시립도서관에서 ··· 172
원시함수와 부정적분 ··· 175
인테그랄과 부정적분 구하는 법 ··· 180
미분과 적분의 신비한 관계 ··· 183
하나코 씨의 정체 ··· 189
정적분 구하는 법 ··· 192
적분으로 부피 구하기 ··· 197
회전체의 부피를 구해보자 ··· 202
사토미의 비밀 ··· 206
◆7일째 총정리 ··· 212

8일째(월요일)

최악의 사건 ··· 214
시험 선날 ··· 215

에필로그
재시험 결과 ··· 222

미분적분?
참 쉽지!

1일째
(월요일)

수학 그리고 여학생

결국, 여학생이 의자에서 넘어진 날은 그 애가 다람쥐 같은 속도로 쪼르르 달아나버렸기 때문에 말 한마디 나눠보지 못했다. 하긴 뭐, 그런 모습을 보였으니 그럴 만도 하지.

어쨌거나 난 그곳이 마음에 쏙 들었다. 조용한 데다 저녁놀이 예쁘고, 나무랑 책 냄새가 나는 한적한 도서실.

어차피 교실에 있어봐야 얏코의 훼방 때문에 공부가 될 것 같지도 않고.

그래서 오늘도 그 도서실로 향했다.

문을 살며시 연다. 들여다보니 그 여학생이 오늘도 또 카운터에 있었다. 오늘은 나동그라져 있지는 않다. 입구에 서도 훤히 보인다.

"아!"

나를 본 그 애는 그렇게 소리를 내질렀지만 얼른 다시 책으로 눈을 돌리고 못 본 척했다.

뭐, 지나친 관심도 피곤하니 그 정도면 됐다. 그나저나 작기도 참 작고 언니의 교복을 물려 입은 것처럼 큰 옷을 입고 있다. 1학년인가?

나는 교과서와 노트와 필통, 그리고 내친 김에 저주받은 13점짜리 답안지까지 책상 위에 죽 늘어놓고 혼자 한숨을 쉬었다.

으, 다시는 보고 싶지 않은 이 답안지. '수학'이란 이름의 괴물과 사이좋게 나란히 지옥 불에나 떨어져 버려라!

하이고, 싱거운 소리는 그만하고 냉큼 시작이나 해볼까.

그나저나 어디서부터 손을 대야 한담?

교과서 첫 장부터 시작하자니 시간이 많이 걸릴 테고, 답안지는 아무리 들여다봐도 답이 안 나온다. 이 노릇을 어찌 해야 하나.

일찌감치 집중력을 잃기 시작한 나는 이번에는 대출 카운터에 있는 여학생 쪽으로 시선을 옮긴다.

아, 딱히 여학생을 보려고 했던 게 아니다. 그냥 그 애가 들고 있는 책이 궁금했을 뿐이니까 오해는 하지 마시길.

아 글쎄 쟤가 무진장 어려워 보이는 책을 읽고 있거든. 궁금할 만하잖아?

"페르마……의 마지막…… 정리?"

나는 눈에 들어온 그 책 제목을 무의식중에 소리 내어 읽었다.

이런 실수! 하고 생각할 새도 없이 여학생은 당황했는지 책을 든 채 의자에서 일어섰다.

"아! 미, 미안, 그냥 들고 있는 책이 궁금해서."

나는 새된 목소리로 여학생에게 변명을 했다. 변명이 아니라 사실이긴 하다.

"아, 아니에요."

여학생은 비어져 나온 긴 소맷자락에 파묻힌 듯한 손으로 주뼛주뼛 안경을 고쳐 쓰며 수줍게 말했다. 지금 수줍어 할 상황은 아닌 것 같은데.

"예. 『페르마의 마지막 정리』예요."

"음, 그게 그러니까, 페…… 음, 판타지?"

“아니요, 수학책이에요.”

수학? 도서실에서 혼자 수학책을 읽고 있었다고?

엘프나 요정이 나오는 판타지 소설이라든가 서스펜스 호러라면 몰라도 수학이라니⋯⋯. 나의 천적 수학이라니!

수학책이란 게 읽으면 재미가 있나? 나로서는 도무지 이해가 되지 않았기 때문에, 기왕 대화를 하게 된 김에 물어봤다.

“수학, 좋아해?”

“예! 진짜 좋아해요!”

고개를 숙인 채 주뼛거리던 그 애의 스위치가 번쩍하고 켜졌다. 효과음을 넣는다면 따질 것도 없이, ‘팟!’ 이거다.

표정도 야무져지고 눈도 댕그랗게 뜨고 있다. 온 얼굴에 함박꽃 같은 웃음을 짓고 있는 저 여학생의 뺨이 발그레하게 물들어 있는 것은 저녁놀 때문이 아니다.

“수학, 진짜 좋아해요! 이 페르마의 마지막 정리는 있잖아요, 17세기 프랑스의 수학자 피에르 드 페르마가 남긴 메모에서 발견된 건데 아주 최근에, 360년이 지나 앤드류 와일즈가 완벽하게 증명해냈다는 굉장한 거예요!”

“저기 잠깐만! 난 수학에는 까막눈이라서. 미안!”

아아, 이게 무슨 일이람. 나는 이 애의 심장에 불을 질러

버린 모양이다. 아주 그냥 기관총을 쏘듯이 숨도 쉬지 않고 지껄여대는 여자애에게 압도되는 나. 애는 수학깨나 좋아한다는 여느 애들과는 차원이 다르다.

기가 딱 질려 있는 내 표정을 알아차린 여학생은 퍼뜩 정신이 들었는지,

"죄, 죄송합니다. 전 수학 이야기만 나오면 이성을 잃어서……. 지, 진짜 좋아하기 때문에……."

또 저 진짜 좋아한다는 소리. 어지간히도 좋아하는가 보다.

"아니야, 나야말로 미안해. 사실 난 수학에 잼병이거든. 여기도 수학을 낙제해서 재시험 공부하려고 온 거고."

그렇게 말한 다음 나는 그 저주받은 13점짜리 답안지를 여학생에게 보여줬다.

"아, 미분적분이네요. 미분적분도 알고 보면 재미있는데!"

이런, 또 스위치를 눌러버렸군.

"미적분이 재미있다니…… 진심이야?"

"예. 처음 미분과 적분의 신비한 관계를 알았을 때는 감동해서 눈물까지 흘렸는걸요……."

아……. 지금도 그 애의 촌스러운 안경 너머 눈에 눈물이 그렁그렁 고여 있다. 이거야 원, 농담이 아닌 모양이

다. 그래서 대체 어디가 어떻게 감동스러운지 물어보려다 말았다. 분명 또 기관총 토크 세례를 받고 정신이 아뜩해질 게 분명하다.

아니 잠깐? 그래! 이렇게까지 수학을 좋아하는 애니까 분명 잘하기도 잘하겠지. 1학년일지도 모르지만 『페르……마?』뭐 이런 책을 읽는 이 애한테 배운다면 절망스런 내 머리로도 미적분을 이해할 수 있게 되지 않을까.

그 순간, 내 입에서 어이없는 대사가 튀어나왔다.

"저기, 나한테 미적분 좀 가르쳐줄래?"

"제, 제가……요?"

갑작스런 전개에 여학생은 살짝 당황한 표정을 지었다.

"안 될까?"

그렇겠지, 무리겠지. 생판 모르는 녀석이 불쑥 그런 소리를 했으니.

잠시 침묵이 이어지고 내가 '그냥 됐다.' 하고 입을 열려는 순간, 얼굴을 살짝 아래로 한 채 내 얼굴을 살피고 있던 여학생이 반가운 대답을 해줬다.

"좋아요. 저라도 괜찮으시다면……."

그렇게 대답한 여학생의 분위기가 좀 전까지와는 확연히 다르다. 어제 의자에서 넘어졌을 때 같은 연약한 모습도 없다. 뭐랄까, 자그마한 몸에서 굉장한 오라가 뿜어져 나오는 것만 같았다.

여학생은 읽고 있던 책을 기운차게 덮더니 눈을 초롱초롱 빛내며 이렇게 힘차게 말했다.

"그럼, 바로 시작하죠!"

"난, 미카미 마사노리."

"저는 사토미 사야카라고 합니다. 잘 부탁드립니다!"

사토미는 자기소개를 끝내기가 무섭게 자리를 박차고 일어서더니 책장 안쪽으로 곧장 사라졌다.

뭐야? 지금 가르쳐주려던 게 아니었어?

잠시 기다리자 눈이 튀어나올 만큼 많은 책들을 껴안고 사토미가 돌아왔다. 저게 다 뭐냐…… 허걱, 죄다 미적분 관련 참고서잖아!

사토미는 그 책들을 사랑스런 아이처럼 책상 위에 놓더니 한 권씩 펼쳐서는 페이지마다 재빨리 메모지를 붙이기 시작했다. 손이 참 빠르기도 하지…….

사토미는 내 쪽으로는 눈길도 주지 않고 메모지를 붙이며 말했다.

"미카미 군. 미분적분은 어렵고 복잡한 거라는 인상이 있지 않나요?"

“뭐, 확실히 그런 느낌이긴 하지.”

“그럼 우선, 지금 메모지를 붙인 페이지를 차례대로 읽어주세요. 미분적분이란 무엇인지 대충 그림이 잡힐 거예요.”

“자, 잠깐만. 이걸 전부 다 읽으라고?”

메모지 개수가 장난이 아닌데. 이거야 원…… 느닷없이 거대한 벽에 부딪힌 느낌이다.

“그래요! 이것도…… 아, 이거도 중요하다!”

“좀 많지 않아?”

“안 많아요. 아, 읽다가 조금이라도 막히는 게 있으면 물어보세요. 전부 답해드릴게요!”

“어, 어어…….”

이런 경우를 두고 ‘입도 벙끗 못하게 한다’고 하는 거겠지.

“누구나 처음부터 다 이해하는 건 아니에요. 하지만 이해하자고 마음만 먹는다면 거의 대부분은 이해할 수 있게 돼요. 함께 열심히 해 봅시다!”

이렇게 해서 말 많고 탈 많은 사토미의 개인수업이 시작됐다. 난 이제 어떻게 되는 걸까……?

“맞다, 여기도 읽어주셨으면 해요. 듣고 있어요, 미카미 군?”

미분적분이란?

사토미 씨, 이건 좀…… 너무 많잖아. 말은 상냥하게 해줬지만 산 같은 이 책들을 등정하기는 너무 버겁다고.

"사토미, 미안한데. 이보다 먼저 이야기부터 해줬으면 좋겠는데 괜찮겠어? 애초에 미적분이란게 뭐야?"

에헴, 하는 소리가 들리는 듯한 의기양양한 표정으로 내 옆자리에 앉는 사토미. 사토미는 그야말로 물 만난 고기다.

"미분이란 이를 테면 시간을 잘게 쪼개서 그 쪼갠 '순간의 상태'나 '변화의 방식'을 분석하는 방법이에요."

"시간을 잘게 쪼갠다는 게 무슨 소리야?"

"이미지를 떠올리기 쉬운 예를 들어 설명할게요. 예를 들어, 애니메이션이 움직이는 것처럼 보이는 건 프레임이라고 부르는 조금씩 변화된 정지화면 여러 장을 1초라는 짧은 시간에 연속으로 보여주기 때문이에요."

"플립북(조금씩 다른 그림이 그려진 종이를 빠르게 넘겨 움직이는 것처럼 보이게 한 만화책 — 옮긴이) 같은 거네. 그래서 애니메이션이랑 미분이 무슨 관계라는 거야?"

"한마디로 말해서 동영상을 1프레임, 1프레임으로 쪼개서 보는 게 '미분'이에요. 1프레임씩 쪼개는 게, 시간을 잘게 쪼갠 ‘순간의 상태’를 보는 셈인 거죠.”

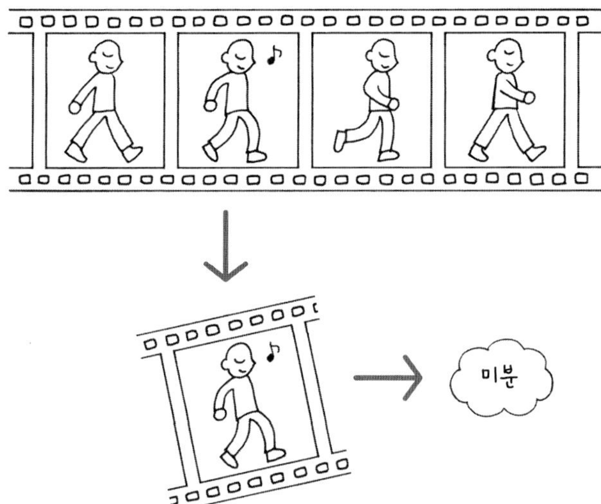

“이 1프레임을 보면 다음에 이 사람이 뭘 할지 예상이 되죠?”

“응. 다음엔 오른발을 앞으로 내밀겠지?”

“맞아요. 미분은 변화하고 있는 사물의 시간을 분할해서 그 순간을 봄으로써 다음에 일어날 변화를 예측하기 위한 방법이에요. 그리고 이 쪼개진 프레임을 이어 붙여서 자연스러운 움직임이 있는 애니메이션으로 보여주는 게 ‘적분’하는 거죠.”

"오호. 머리에 쏙쏙 들어오네. 미분적분이란 게 그런 거였구나."

눈이 번쩍 뜨이는구먼. 만화를 그려 플립북을 만들던 나는 그때 미분적분을 하고 있었던 건가.

"그리 안 어렵죠?" 사토미가 웃는다.

이 산처럼 쌓인 책들은…… 뭐, 그래도 이 정도면 따라갈 수 있을 것 같다.

미분적분과 컵에 받는 물

"컵에 물을 받는 것을 예로 미분적분을 설명할 수도 있어요."

"컵에 넣는 물로 알 수 있다고?"

"예. 100밀리리터들이 컵을 가득 채우는 데 10초가 걸린다고 치면, 수도꼭지에서 초당 몇 밀리리터의 물이 나온 셈일까요?"

"100÷10이니까…… 10밀리리터잖아."

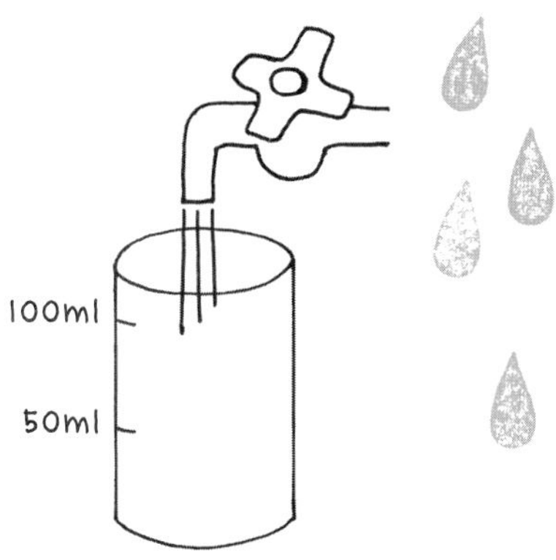

"그래요. 매초 10밀리리터씩 물이 흘러나왔다, 이것도 미분한 것과 마찬가지예요. 미분이란 시간을 잘게 쪼개서 그 순간의 변화를 보는 거니까."

파팟!

내 머리 위 전구에 불이 켜졌다.

"알았다! 그러니까 수도꼭지에서 흘러나온 물의 양을, 시간으로 잘게 쪼갰다 이거지. 그 순간에 나온 건 10밀리리터고, 10초가 지나면 100밀리리터."

"예. 그리고 컵에 차오르는 물의 합계량이 '적분'이에요. 적분이란 건 쪼갠 것을 쌓아간 것, 쪼갠 것들의 전체나 총량을 의미하는 거죠."

오오. 앞을 가로막은 두꺼운 얼음벽 너머의 문고리에 손이 닿을 것 같은 예감이 든다. 아직은 닿을 낌새조차 없지만.

적어도 사토미의 웃는 얼굴이 아까까지와는 다르게 경계심이 좀 풀린 것 같으니 그걸로 된 게 아닐까나.

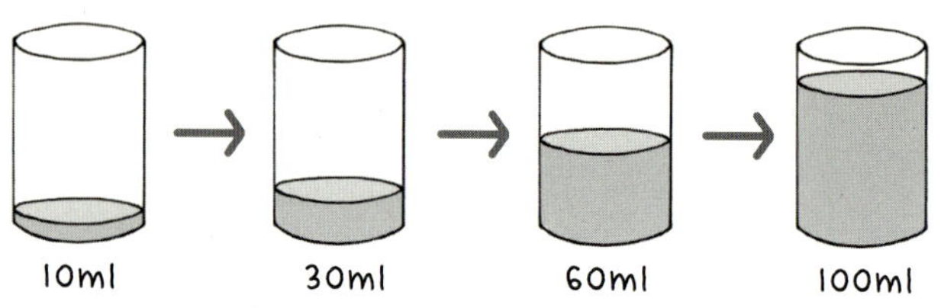

자동차의 속도계는 미분, 거리계는 적분

"으음. 혹시 내가 너무 어렵게 생각해온 건가? 거의 다 일상에 응용할 수 있다는 거야?"

"그래요. 미분적분의 기초적인 개념은 간단해요!"

그렇게 말하더니 사토미는 프린트 한 장을 꺼내어 자동차를 그리기 시작했다.

귀엽긴 하지만 현실적이지는 않은 그림체가 딱 사토미답다.

"또 하나 미분적분의 예를 들어 볼게요. 자동차의 속도

30

계는 미분, 거리계는 적분 그 자체예요.”

“속도계는 시속 몇 킬로미터 어쩌고 하는 거지? 거리계는 몇 킬로미터나 달렸나 하는 거?”

“예. 미분은 잘게 쪼갠 것, 그 순간의 상태나 변화를 말하죠. 예를 들어 ‘시속 60킬로미터’ 같은 속도는, 달리고 있는 자동차의 ‘그 순간’의 상태예요. 미분을 한 거죠.”

“그렇구나, 그 부분만 쏙 떼어냈다 이거지.”

“그리고 자동차가 달린 전체 거리는 컵에 담긴 물과 마찬가지로 적분인 셈이고요.”

사토미는 프린트에 글자를 써넣었다.

글자는 아주 여학생답고 귀여웠는데 힘을 너무 주는 바람에 샤프펜슬의 심이 똑, 하고 부러져 날아갔다. 그러거나 말거나 아랑곳 않고 계속해서 거리계를 그린다.

정말 좋아하나 보다……

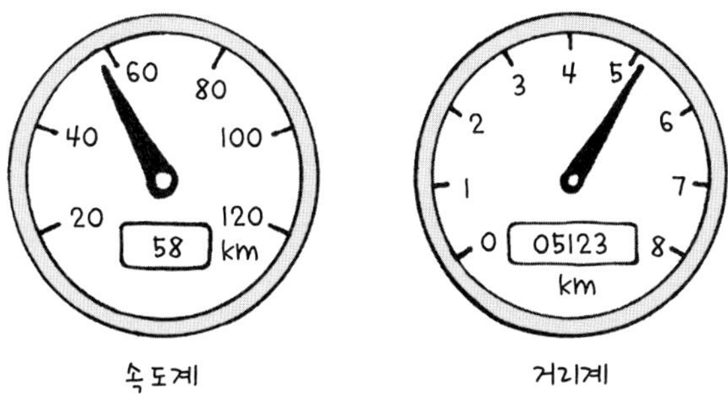

미분과 적분은 역산의 관계?

"미적분을 아무 짝에도 쓸 데 없는 거라고 생각했는데 생각 외로 실생활에서 자주 쓰네. 그나저나 아까 네가 말한 미분과 적분의 신비한 관계란 건 뭐야?"

사토미는 기다렸다는 듯이 눈을 반짝이며 입을 열었다.

"바로 그거예요! 미분과 적분의 신비를 알게 되면 아아, 수학이란 얼마나 아름다운 것인가, 하고 생각할 거라니까요!"

으잇, 스위치에 불 들어왔다. 이제부터는 사토미의 기관총 수학 토크가 시작된다는 뜻이다.

……어? 생각했던 것만큼 싫지는 않은데?

나 지금 혹시 즐기고 있는 건가?

내가 이런 잡생각에 잠시 빠져 있는 사이에 사토미는 이야기를 시작했다.

* * *

"우선은 미분과 적분의 역사를 이야기할 필요가 있어요. 적분 개념이 먼저 탄생하고 그 뒤에 미분이 대이있어요."

"그래? 원래 미분이랑 적분이 별개였구나. 기왕이면 동시에 발견했으면 좋았을 텐데."

"시기가 완전히 달라요. 적분은 기원전 3000년 전 고대 이집트 시대에 기초적인 개념이 생겨났어요. 미분이 태어난 건 그 훨씬 훗날인 17세기 들어서였고요.”

“저기, 시간이 너무 비잖아…….”

“그러게 말이에요. 일단은 끝까지 차분하게 들어주세요!”

이봐, 난 지금 몹시 차분해. 차분하지 않은 건 너거든?

“17세기에 미분의 기초를 생각해 내고, 미분과 적분 사이에 역산 같은 신비한 관계가 있다는 획기적인 발견을 뉴턴과 라이프니츠가 해냄으로써 미분적분법은 비약적인 발전을 했어요.”

뉴턴과 라이프니츠? 어디서 들어본 것 같은데…….

그 순간 퍼뜩, 아까 교실에서 얏코와 나눈 대화가 떠올랐다. 그렇구나. 그때 배운 게 바로 이거구나!

뭐 그건 됐고. 그보다 오히려 수수께끼가 단숨에 늘어나 버렸다.

“그래서 역산? 의 관계에 있다는 게 무슨 뜻이야?”

“미분과 적분은 바로 덧셈과 뺄셈, 곱셈과 나눗셈과 같은 관계에 있어요.”

사토미는 손끝으로 샤프펜슬을 뱅그르르 돌리고는 프린트의 빈 공간에 뭔가를 쓰기 시작했다.

“이것 좀 보세요.”

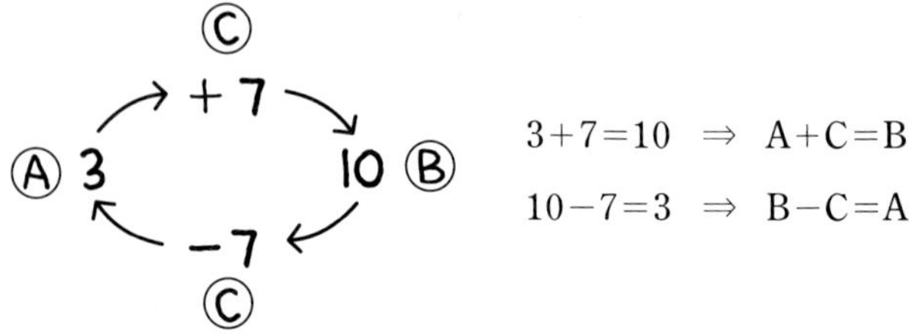

"덧셈의 구조예요. A에 C를 더하면 B가 되고, B에서 C를 빼면 A가 되죠. 이게 덧셈과 뺄셈의 '역산' 관계예요."

"수학이 아니라 산수네. 이 정도면 이해가 돼."

이해가 잘 되는 것에 의기양양해져서 큰 소리로 대답하긴 했지만 가만 생각하니 이게 그리 자랑할 일은 아니다.

"같은 방식이 미분과 적분 사이에서도 가능해요. A를 적분해서 B가 됐다고 치면 반대로 B를 미분하면 A로 돌아가거든요. 적분한 결과를 미분하면 원래대로 돌아간다는 거죠. 이걸 그림으로 그려보면 미분은 잘게 쪼개는 것, 적분은 그것들을 이어 붙이는 거예요."

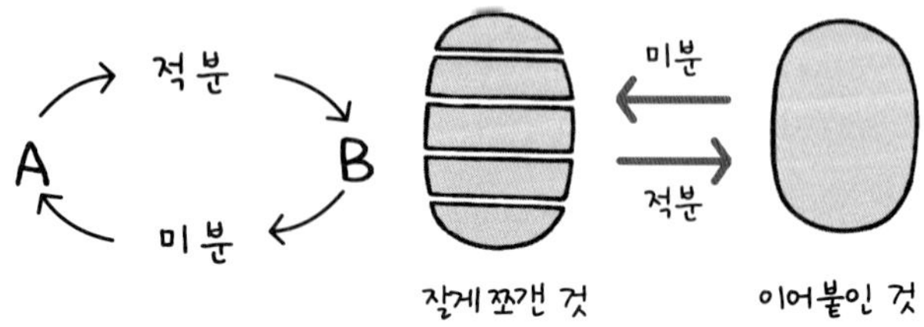

"그렇게 간단한 거라고?"

"그렇다니까요. 당연한 소리라는 생각이 들죠?"

"당연한 소리 같은데, 그걸 아는 데까지 3000년이 걸렸구나……."

"그래요. 스케일이 엄청나죠?"

"어, 스케일이 너무 커서 머리가 어찔어찔하다……."

"미분과 적분이 역산 같은 관계에 있다는 사실을 알게 되면서 성가시기 짝이 없던 넓이나 부피를 구하는 계산을 간단히 할 수 있게 됐어요."

"'간단하게 원래대로 되돌릴 수 있다'라. 마른미역 불리는 거랑 비슷한 건가."

"그 표현은 좀……."

으익. 신경을 좀 건드렸나.

"이게 무슨 말인지 간단하게 곱셈과 나눗셈을 예로 들어서 설명할게요."

사토미는 샤프를 두 번 돌리더니 이번에도 프린트에 북북 글을 쓰기 시작했다.

"예를 들면, 다음과 같이 괄호 안의 수를 구한다고 생각해 보세요."

$$(\qquad) \times 6257 = 24765206$$

"시간을 좀 줘 봐. 계산은 할 수 있어. 아주 바보는 아니라고."

"그거면 충분해요. 답은 내지 않아도 돼요. 참고로 어떤 식으로 계산할 예정이었나요?"

"$24765206 \div 6257$, 맞지?"

"예, 맞습니다."

"효…… 진땀이 다 났네. 이것도 산수였네."

"예, 초등학생도 풀 수 있어요. 하지만 만약 나눗셈을 몰랐다면?"

"나눗셈을 모르면 못 푸는 거 아니야?"

"옳으신 말씀입니다. 괄호 안에 숫자를 하나하나 집어넣은 다음 곱셈을 해서 24765206이 되는 수를 찾아야 하죠."

"귀찮겠다!"

"3000년 동안 미분과 적분이 역산의 관계에 있다는 것을 몰랐던 사람들은 그 긴 세월 내내 이런 귀찮은 방법으로 계산을 했어요."

"우오오…… 뉴턴이랑 라이프니츠 진짜 대단한데."

"대단하다니까요!"

“아까 무시했었는데, 교실에서.”

“네? 당장 사과하세요!”

“음? 죄, 죄송합니다.”

“아, 농담이에요, 농담!”

사토미가 자그마한 몸을 숙여 굽실굽실했다.

아, 맞다. 말이 청산유수라 무진장 커보였지만 이 애 원래는 엄청 쪼그매서 귀여운 작은 동물 같았지. 굽실대는 것도 진짜 잘 어울린다.

하지만 이 작은 사토미가 한순간에 커다랗게 보이기도 한다는 것을, 이 때의 나는 아직 모르고 있었다.

“벌써부터 미분과 적분의 이런 관계를 완벽하게 이해할 필요는 없어요. 역산의 관계에 있다는 것만 어렴풋이 알아두는 걸로 충분해요. 저기, 미카미 군.”

“응?”

사토미는 ‘탕!’ 하며 책상을 손으로 짚고 일어서더니 얼굴을 들이밀며 목청을 높이기 시작했다.

“지금까지 전혀 다른 계산방법이라고 여겨졌던 미분과 적분 사이에 이런 신비한 관계가 있다고요. 정말이지 어마어마한 발견이에요. 알겠어요, 미카미 군!”

“알았다니까! 뭘 그렇게 소리를 지르고 그래…….”

아무도 없는 구관 도서실에 사토미의 목소리가 쩌렁쩌렁 울려 퍼졌다.

사토미는 다시 의자에 앉는다. 잔뜩 상기된 얼굴에 눈에는 눈물이 그렁그렁 맺혀 있다.

이 녀석, 이런 표정도 있구나.

어느 포인트에서 울어야하는 건지는 잘 모르겠지만 이 애는 내가 모르는 장대한 이야기를 알고 있는 게 아닐까 하는 생각이 문득 들었다.

미적분의 문을 두드리다

그나저나 말이다. 간단히 열릴 줄 알았던 문 앞에 얼음장벽이 턱 하고 가로막고 있다는 기분이 든다.

미적분이라는 게 대단한 건지는 알겠다. 그건 알겠는데, 수수께끼 하나가 풀리면 다음 수수께끼가 또 나온다.

나는 지금까지 비로 여기서 포기를 했었던 거다. 어차피 쓸 일도 없는데 뭐, 어차피 모르고 살아도 잘만 사는데 뭐, 하면서. 그래서 문고리에 손도 대지 못한 채 지내왔다.

지금은 어떤가?

여전히 모르는 것투성이고, 미적분의 문은 굳게 닫힌 그대로인 것은 분명하다.

하지만 조금만 손을 뻗으면 닿을 것 같단 말이지.

온몸의 피가 와글대는 듯한 묘한 이 느낌.

나는 미분적분을 애써 외면해 왔던 것뿐이구나. 당연히 보려고 하지도 않았으니 보일 리가 없지.

사토미의 말처럼, 미분적분을 이해해 보자고 조금이라도 생각을 긍정적으로 바꾸면 새로운 세상으로 가는 문을 열 수 있을지도 모른다.

말하자면 나는 언제든 열 수 있는 문을 등진 채 서 있는 멍청한 상태였던 것이다.

사토미는 열정을 가지고 문을 열기 위한 열쇠를 건네주려 하고 있다. 이 문 너머에 있는 풍경은 아름답다고 외치고 있다.

그렇잖아, 저렇게 울먹울먹하면서 열정적으로 이야기를 하는데. 궁금하지 않아? 미분적분의 세계가.

솔직히 말해서 나는 아직 미분적분이 뭔지 잘 모르는 데다 그 애만큼 흥미가 샘솟은 것도 아니다. 하지만 도통 무슨 소린지 모를 암호처럼 보였던 수학에서 감동을 하게 될지도 모른다는 기대를 하게 됐다.

문득 눈물이 글썽글썽한 사토미의 눈이 떠올랐다.

그건 거짓 연기가 아니다. 진짜 눈물이다.

그 애는 뭘 보고 있는 걸까?

애초에 그 애는 뭐하는 애일까?

그 애와 같은 풍경을 나도 볼 수 있을까?

수학을 천적이라 생각하던 내가?

하하, 어이가 없다.

…… 그래도 조금 즐겁긴 했어. 이건 거짓말이 아냐.

사토미가 정성껏 가르쳐준 덕분에 몰랐던 미분적분의 수수께끼가 술술 풀리기 시작하고 말이야. 나, 지금 이건 뭐지? 심장이 다 두근거리네?

헤어질 때, 나는 사토미와 휴대전화 폰메일 아이디를 교환했다.

연락을 할 수 있는 게 낫겠네요, 하고 사토미가 제안한 것이다.

이렇게 해서 내 휴대전화에는 엄마와 얏코 이외의 여자 연락처가 등록되었다. 뭐, 나쁘지 않군. 비록 전화번호는 못 물어봤지만.

내 방 침대 위에 누워 천장을 멍하니 응시하던 나는 바로 사토미에게 메일을 보내기로 했다. 그런데 뭐라고 적어 보내지?

'재미있었어.' 아니지, 이건 좀 아니다.

'넌 어떤 애야?' 이건 조금 더 친해진 뒤에나 보내야겠지.

고민하고 고민한 끝에 결국 이렇게 보냈다.

'내일도 잘 부탁해.'

미분적분이란?

● 미분이란?

······ 시간을 잘게 쪼개서 그 순간의 상태나 변화의 방식을 분석하는 방법.

● 적분이란?

······ 잘게 쪼갠 것을 합하는 것 → 넓이나 부피를 구할 수 있다.

미분적분을 설명하는 좋은 예

● 애니메이션을 예로 들자면

– 동영상 필름을 1프레임씩 쪼개는 것

→ 시간을 잘게 쪼갠 순간의 상태 → 미분

– 1프레임씩 쪼갠 필름을 이어 붙여서 동영상으로 보는 것 → 적분

● 컵에 받는 물을 예로 들자면

– 수도꼭지에서 나오는 어느 순간의 물의 양

→ 시간을 잘게 쪼갠 순간의 상태 → 미분

– 컵에 차오르는 물의 총량

→ 잘게 쪼갠 것을 합한 것 → 적분

● 자동차의 속도계와 거리계를 예로 들자면

– 속도계에 표시되는 순간속도

→ 시간을 잘게 쪼갠 순간의 상태 → 미분

– 자동차가 주행한 거리

→ 잘게 쪼갠 것을 합한 것 → 적분

미분과 적분은 역산의 관계이다

미분과 적분은 덧셈과 뺄셈, 곱셈과 나눗셈처럼 역산의 관계에 있다.

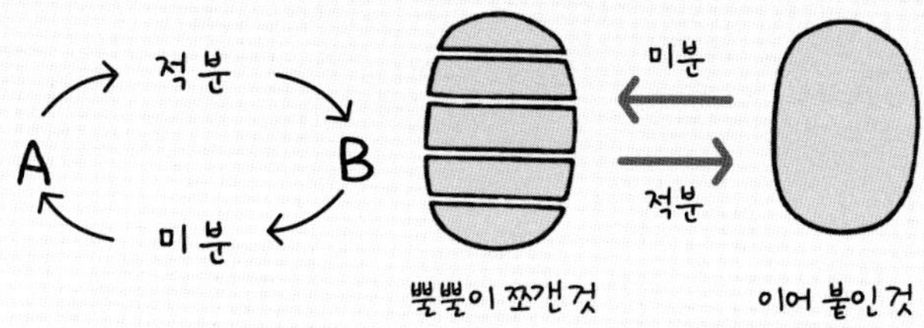

미분적분 탄생의 역사

● 적분　→ 기원전 3천 년 전의 고대 이집트 시대에 적분의 기초가 탄생됐다.

　　　　→ 기원 전 3세기의 그리스 시대에 아르키메데스가 발전시켰다.

　　　　→ 그 뒤, 17세기 무렵까지 획기적인 진전은 없었다.

● 미분　→ 17세기 유럽에서 탄생해 발전됐다.

　　　　→ 뉴턴과 라이프니츠가 미분과 적분에는 역산과 같은 관계가 있음

　　　　을 각각 독자적으로 발견. 미분적분법의 기초를 세웠다.

↓

이 발견은 미분적분학을 획기적으로 발전시켰다!

적분이 미분보다 일찍 발전한 이유는?

● 적분　→ 개념이 구체적이며 또한 생활에 필요했다.

　　　　→ 단, 계산은 번거로움.

● 미분　→ 개념이 추상적이며 이해가 어렵다.

　　　　→ 단, 계산은 적분보다 간단함.

적분으로 넓이나 부피를 구할 수 있다

아래 그림처럼 시속 60km로 3시간을 달렸을 때 세로축은 속도, 가로축은 시간으로 나타낸 그래프를 만들면, 속도×시간, 다시 말해서 직사각형의 넓이가 거리를 나타내고 있음을 알 수 있다.

이 예시처럼 애초에 적분이란 잘게 쪼갠 것(여기서는 속도)을 합해서 넓이(여기서는 거리)를 구하는 방법이다.

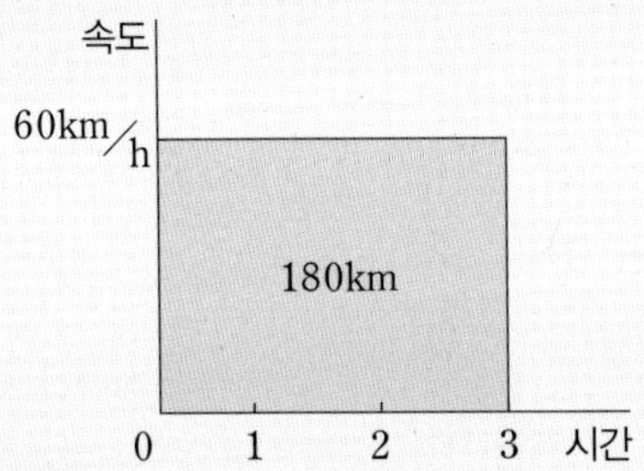

적분(積分)이란 한자를 보면 알 수 있듯이 쪼갠 것을 쌓아간다는 의미다. 또한 적분의 적(積)은 넓이나 부피를 의미한다.

이처럼 적분을 이용해 넓이를 구한다는 개념의 기본은, 잘게 쪼갠 것을 합한다는 것이다.

적분을 이용하면 아래 그림처럼 복잡한 형태의 넓이나 부피를 구하는 것도 가능해진다.

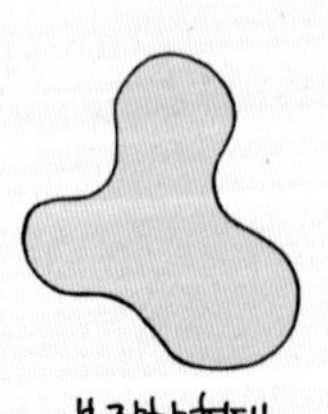

미분의 기초

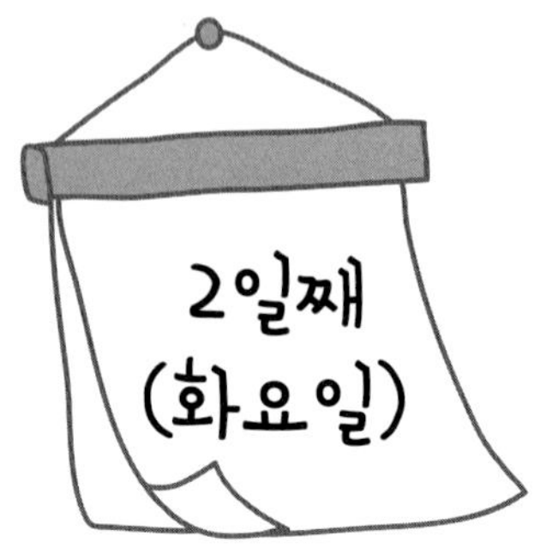

도서실의 하나코

뉴턴.

라이프니츠.

미분과 적분.

점심시간. 나는 교실에서 턱을 괴고 앉아 어제 구관 건물에서 있었던 일을 멍하니 생각하고 있었다.

믿어지는가? 13점을 받은 내가 점심시간에 무려 수학 생각을 하고 있다니까. 거짓말 같다, 정말.

"마사노리, 뭘 생각하느라 그리 얌전한 얼굴을 하고 있어? 적응 안 되게."

얏코가 내 머리 위에 콜라 캔을 얹었다.

"야, 귀찮아. 치워 이거."

"허어, 이 얏코님이 모처럼 해주는 선물을 거부하다니, 그럼 그렇게 하시든지."

"아, 잠깐만. 고맙게 받겠습니다."

나는 머리 위의 콜라 캔을 손에 들고 얏코에게 머리를 깊숙이 조아리면서 푸슉, 하고 캔 뚜껑을 땄다.

"그래서?"

얏코가 내 앞자리에 앉더니 몸을 돌려 말을 걸었다.

"어제 구관 건물로 가더니만 거기서 공부 많이 했어? 뻔하지, 마사노리가 누구신가, 금세 도망쳤을 것 같은데."

"어허, 무슨 그런 실례의 말을!"

나는 책상을 탕하고 치며 말했다.

"나도 할 때는 한다고!"

"와, 웬일이래. 그보다 얼른 재시험 패스해야지 안 그럼 진짜 놀 시간 없어진다."

"후우, 그러게 말이야. 웃을 일이 아니야."

어제는 흥분해서 사토미와 수학 공부를 했지만, 가만 생각하면 그렇게 한가하게 여유 부릴 때가 아니었다.

재시험이 코앞이다. 당장에 좋은 점수를 받을 방법을 가르쳐달라고 해야 하는데…….

하지만 그게 그리 쉬울 리 없지. 알고 있다.

"아 맞다. 구관 도서실 말인데."

얏코가 내 도시락의 꽃게 모양으로 멋 낸 비엔나소시지를 훔쳐 먹으려고 손을 뻗으며 말을 걸었다. 늘 그렇듯 나는 손목 때리기로 방어한다.

"거기, 뭐가가 나오는 모양이딘네."

"흐음. 뭐, 뭐라고?"

나는 되찾은 꽃게 모양 소시지를 입에 물며 목청을 높였다.

"잠깐만. 나오다니 무슨 소리야, 나온다면 역시 그거야?"

"그렇지! 바로 그거야!"

얏코는 윙크를 하며 엄지손가락을 세우고 말했다.

"여기가 잘난 척할 장면이냐! 뭔데, 뭐가 나온다는 건데?"

"그게 말이지, 그 도서실에서 하나코 씨(일본 화장실 괴담 속의 여자아이 귀신 — 옮긴이)가 나온대."

"화장실 귀신!"

이런 말이 안 나오는 게 이상하지.

"으음. 정식 명칭을 몰라서 그렇게 부르는 걸지도 모르지. 전설이라고 해봤자야 3년 전부터이니까 그다지 유서가 깊은 건 아니지만. 그 도서실에 혼자 가면 나타난대. 그래서 책을 내주는데 그걸 끝까지 다 읽지 않으면 음, 그러니까, 뭐였더라, 죽는다고 했나?”

“야, 얏코, 그 마지막에 만들어 붙인 거 같은 이야기는 뭐냐. 날더러 믿으라고 하는 소리냐.”

“소문이 다 그런 거지 뭘.”

얏코가 불시에 꽂게 비엔나를 주워 먹었다. 허, 이런 얍삽한 녀석!

“바보 같기는. 그런 말을 누가 믿어.”

나는 어깨를 으쓱했다.

“그렇지?”

얏코는 폴짝 일어서더니,

“뭐, 아무쪼록, 하나코 씨를 만나게 되면 잘 부탁드린다고 좀 전해줘!”

“뭘 부탁하는데!”

그나저나 도서실의 하나코라……. 뭐, 영 짚이는 데가 없는 건 아니지만 문제는 ‘3년 전’이라는 부분이다.

내 예감이 맞다 하더라도, 하나코라고 소문이 난 것으로 보이는 사토미(아, 결국 내 입으로 말해버렸군)는 학년이 맞질 않는다.

아니면 진짜로 뭐가 나오는 건가?

수업이 끝난 후, 해 저무는 광경을 보는 둥 마는 둥, 복도 마룻바닥이 삐걱삐걱 울리는 소리를 즐기며 구 건물의 도서실로 향했다.

섬뜩한 소문을 들었거나 말았거나 메일로 '내일도 잘 부탁해' 하고 약속을 해버렸으니까. 간다, 나는.

"안…… 녕?"

내가 문을 여니 시토미는 어제와 마찬가지로 대출 카운터 자리에 앉아 책을 읽고 있었다.

그야 아무래도 상관없다. 다만 마음에 걸리는 것은 내가 문을 여는 것과 동시에 등 뒤로 뭔가를 급히 숨겼다는 점이다.

"아, 안녕……."

쭈뼛쭈뼛하면서 사토미가 인사를 해준다.

곧바로 나는 "방금 뭐 숨겼지?" 하며 장난치듯 물어본다.

"아, 아니요, 저기……. 아무 것도 아니에요……."

아무렇지 않은 척 애를 쓰는 사토미의 등 뒤로 시선을 돌려보니 빨대가 꽂힌 흰색 종이팩이 보였다.

우유라도 마시고 있었나 보네. 깊이 파고들지는 말자. 그런데 우유를 마시는 게 왜 창피한 일일까. 여학생의 심리는 수학보다 난해하다. 에헷.

지금 사토미는 오프 모드. 수학 폭주 스위치가 켜져 있지 않은 내성적인 여학생 그 자체다.

미분과 그래프의 관계

"오늘은 뭐부터 시작하면 돼?"

내가 곧장 본론으로 들어가자 사토미는 "예!" 하는 대답과 동시에 '수학 홀릭'이 된다. 수학 이야기만 나오면 하나에서 열까지 사람이 확 바뀌어 버린다.

좀 전까지 등 뒤로 감추고 있던 우유팩도 망설임 없이 카운터 위에 탁 얹어 놓고 준비해 둔 참고서를 들고 왔다. 음, 여자의 심리는 정말이지 알 수가 없다.

"먼저 이걸 읽어주세요."

내가 자리에 앉자 사토미는 메모지를 붙인 미분적분 참고서를 수북이 쌓았다.

날 위해 이렇게 열심히 준비한 건가. 이렇게 황송할 데가!

하지만 나는 다소 결의에 차서 말했다.

"참고서는, 네 설명부터 듣고 나서 읽으면 안 될까?"

"왜, 왜요?"

"네 설명이 진짜 이해가 잘 되거든. 뭐랄까…… 네가 보고 있는 풍경을 나도 함께 보고 싶달까?"

망했다! 어제 혼자 생각하던 걸 입으로까지 내뱉다니. 뭐, 사실은 사실이지. 아, 손발이 없어질 것 같은 이런 창피한 대사, 말한 내가 더 창피하다.

그런데 사토미의 대답은 "알겠습니다."란 담백한 한마디였다.

내 민망한 대사를 물고 늘어지는 일도 없이 담담히 준비를 진행하는 사토미.

고개를 숙이고 있어 안경 안의 표정은 잘 보이지 않지만 화가 난 것 같지는 않기에 나는 휴, 하고 가슴을 쓸어내린다.

어이, 거기 당신! 비웃지 마시지.

"자, 그럼 바로 들어가죠. 미분의 기초부터 시작하기로 해요."

사토미는 내 맞은편 자리로 의자를 끌고 오디니 길고 헐렁한 치마에 주름이 잡히지 않도록 매무새를 정돈하며 앉았다.

고개를 살짝 숙인 사토미의 정수리가 보인다. 느긋하게 넋을 놓고 앉아 있는데 사토미가 샤프펜슬을 내 코앞으로 쑥 들이밀었다.

"엇!"

"미분이란 어떤 것인가, 어느 정도 가닥이 잡혔나요?"

"대……충은."

수학 홀릭 모드일 때 사토미의 전개 속도는 장난이 아니다…….

"미분이란 시간을 잘게 쪼개서 그 순간의 상태나 변화의 방식을 분석하는 방법…… 맞지?"

"합격! 우선은 거기까지만 알면 문제 없어요!"

"엥, 이것만 알면 돼?"

"다들 괜한 선입견 때문에 어렵다고 오해하는 거예요."

사토미는 살짝 안타깝다는 표정을 지었다.

"알려고만 하면 간단한 건데."

알려고만 한다면. 바로 내가 그렇다.

"오늘은 조금 더 자세하게 미분을 설명할게요."

사토미는 얼굴을 환하게 빛내며 가방에서 그래프용지를 꺼냈다.

와, 분위기 전환 진짜 빨라! 저 풍부한 표정이라니!

"미분은 그래프와 깊은 관계가 있어요."

“그래프라. 으음, 꺾은선그래프라든가 막대그래프 같은 거?”

“그거예요. 그럼, 그래프는 왜 있는 거라고 생각해요?”

“왜라니……. 흠, 생각해본 적 없는데.”

“그럼, 숫자만으로 된 표와 그래프 중 어느 쪽이 보기 쉽다고 생각해요?”

“그야 그래프 아닐까. 숫자 변화도 한눈에 볼 수 있고.”

“바로 그거예요!”

“어?”

“그게 정답이라고요. 수치 데이터를 시각화해서 알아보기 쉽게 만든다, 그게 바로 그래프예요.”

오호, 그렇단 말이지. 눈앞의 사토미 얼굴은 동물원에서 신이 나 있는 아이처럼 반짝반짝 빛나고 있었다.

“알아보기 쉽게라……. 그렇군.”

그렇다는 말은, 그 동안 나는 알기 쉽게 하는 방법을 피해 왔다는 소리인가. 그랬군, 그랬으니 알 수가 없었던 서시.

“미카미 군, ABC48 좋아해요?”

ABC48은 요즘 잇달아 히트곡을 내고 있는 아이돌 그룹이다.

“뭐, 싫어하진 않지.”

미안. 여학생 앞에서는 창피해서 침을 질질 흘릴 정도로 좋아한다고는 말 못하는 남자의 심리를 좀 이해해 주길. 사실은 멤버인 스베리로카 하시리타이의 CD도 가지고 있다.

“예를 들어, ABC48의 곡 중 한 곡의 매주 순위를 이런 식으로 선 그래프를 그리면 한눈에 변화를 알 수 있게 되죠.”

그렇게 말하며 사토미는 노트에 그래프를 그려 넣었다.

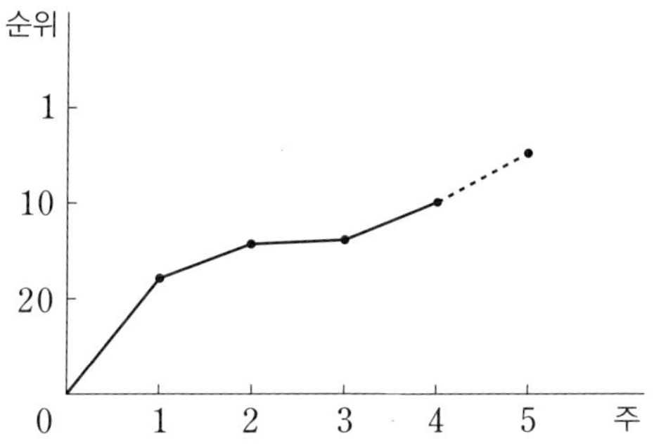

“ABC48의 곡 순위는 앞으로 어떻게 변화할 것 같아요?”

“음, 예상을 해보라고? 지금 그래프의 마지막 부분을 이 상태 그대로 쭉 뻗어 가면 앞으로 어떻게 될지 대충 알 수 있는 거 아니야?”

“네! 그래프의 진행 방향에 따라 마지막 부분을 이어 그리면 앞으로 어떤 상태가 될지 알 수 있어요. 다시 말해서, 그래프의 기울기 정도의 변화를 보는 게, 장래를 예측하는 경우의 가장 중요한 핵심이죠!"

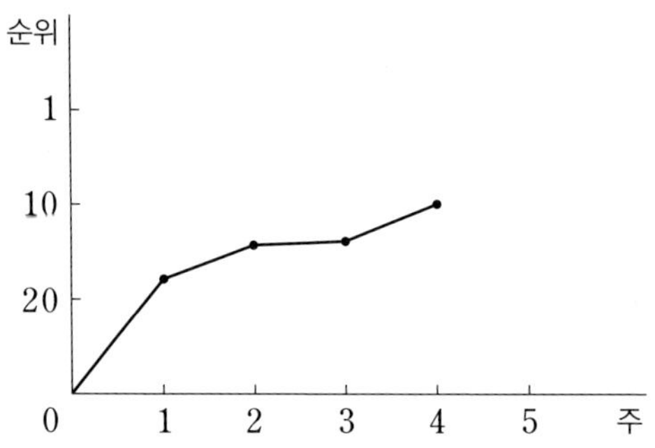

"확실히 그래프로 나타내니까 감으로 알겠네."

"예. 그리고 그 그래프의 각 구간별 기울기를 계산해내는 게, 미분하는 거예요!"

드디어 미분 나왔다! 그렇게 연결되는 건가.

"간단히 말하자면, 미분이란 그래프의 기울기를 구하는 거예요."

"겨우 그것뿐이라고?"

"그래요. 기울기의 각도가 위쪽으로 가파르다면 앞으로도 급상승해갈 것이라는 게 예상 가능하죠."

56

"엄청 잘 팔린다는 소리네."

"그렇죠. 위쪽 방향이라도 기울기가 완만하다면 증가율이 점점 감소하고 있음을 알 수 있죠. 주가에서 이걸 곧잘 이용하죠. 급한 각도로 상승하고 있다면 앞으로도 한동안 상승할 가능성이 많다는 걸 알 수 있으니까요."

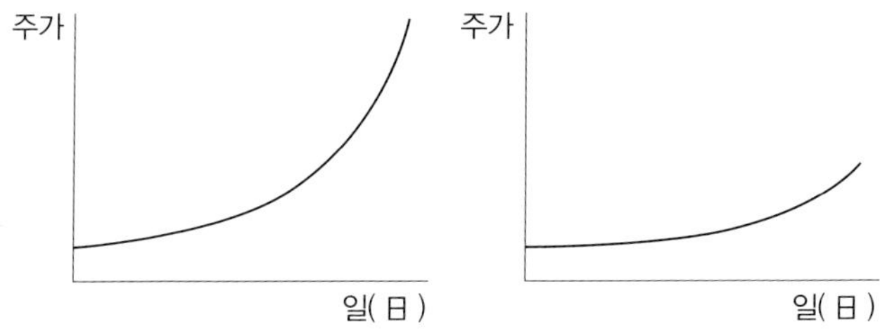

"우와, 엄청 중요한 거 아니야, 이거?"

"예. 이 중요한 것을 직감적으로 알기 쉽게 한 게……."

"그래프!"

누가 먼저랄 것도 없이 이구동성으로 말한다. 이것이 '안다'는 것인가.

사토미는 계속해서 그래프를 그려나갔다.

"기울기가 상승하고 있는 경우를 '기울기가 양수인 상태', 기울기가 하강하고 있는 경우를 '기울기가 음수인 상태'라고 해요."

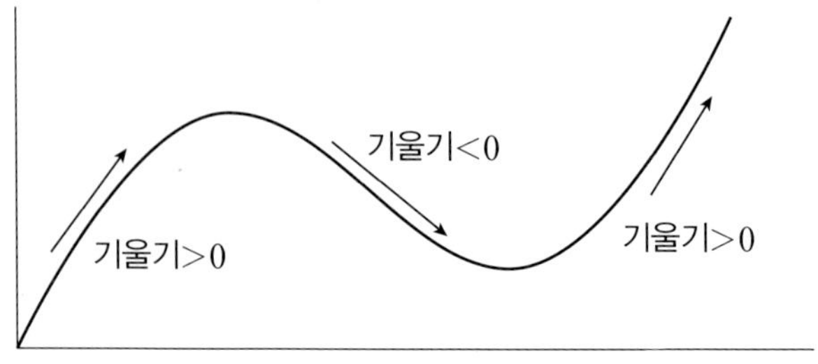

"그리고 기울기가 전혀 없는 부분을 '기울기=0'이라고 하고요."

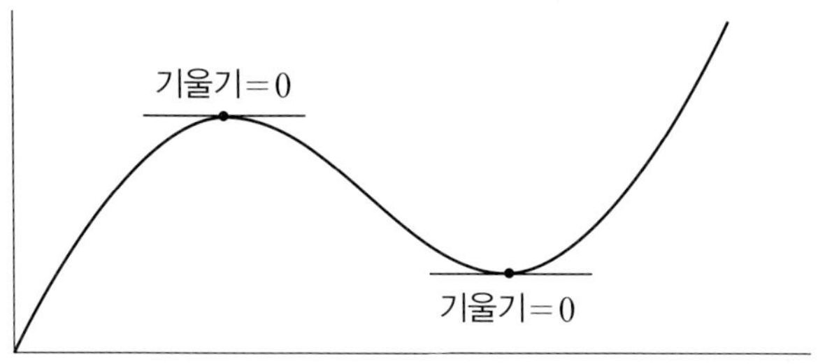

"그래도 계속 올라가기만 하지는 않을 거 아니야. 중간에 바뀔 때도 있잖아?"

"예. 바로 공을 위로 던졌을 때의 포물선처럼 공이 끝까지 다 올라간 상태가 된다는 것은 양수의 기울기가 점점 작아지면서 기울기가 0이 되고, 거기에서 또 기울기가 변해 양수에서 음수가 되는 것을 보고 공이 떨어져 가는 상태를 예상할 수 있죠."

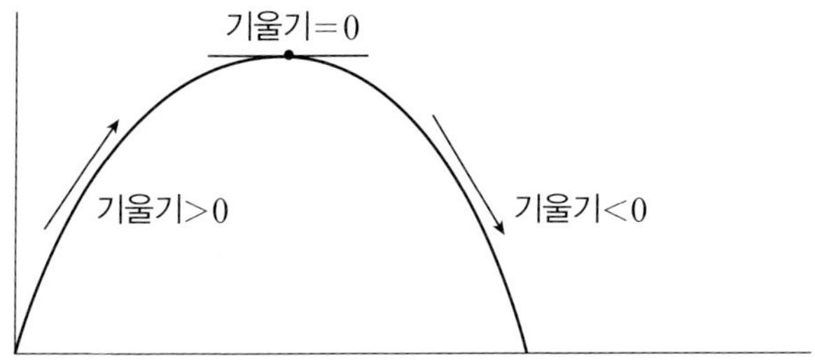

“이렇게 선 그래프의 구간별 기울기를 계산해 내는 게 미분이에요.”

“음, 그러니까 전체의 형태가 아니라 각 구간의 기울기란 말이지?”

“맞아요! 맞아요!”

어? 방금 두 번 연속으로 대답한 거 맞지?

“반대로 수치 데이터의 구간별 기울기를 구할 수 있으면 그 수치 데이터의 그래프가 어떤 형태를 띠는지 알 수 있어요. 그 결과 앞으로 어떻게 변화할지도 예측할 수 있는 거죠.”

“미분을 익히면 예지능력이 생긴다고……?”

“과장된 표현이긴 하지만 얼추 그런 거죠.”

“그래? 얼추야?”

“사실 그래프에는 함정이 있어요. 이것 좀 보세요.”

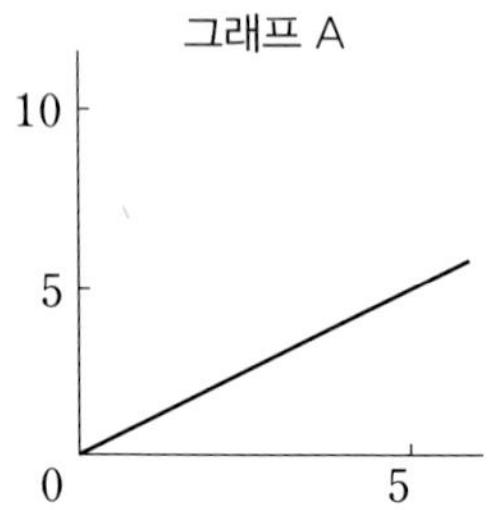

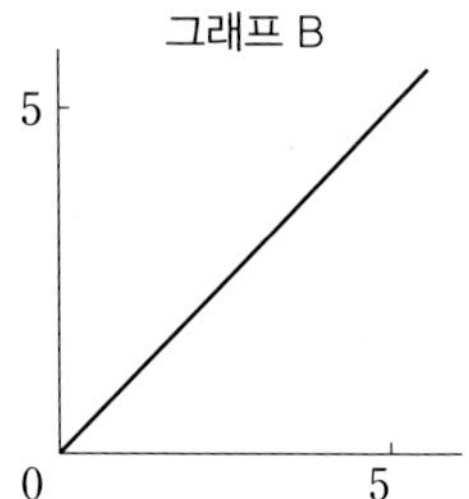

“완만한 그래프랑, 가파른 그래프……. 딱히 별다를 것도 없는 그래프 같은데 여기에 무슨 함정이 있다고 그래?”

“그래프의 겉보기 기울기는 그래프의 세로축 눈금의 폭을 어떻게 두느냐에 따라 좌우되죠. 잘 보세요, 이 두 개의 그래프. 사실은 같은 그래프예요.”

사토미는 그렇게 말하며 각각의 그래프의 세로축 눈금을 가리켰다.

그래프 A에는 ‘5’와 ‘10’. 그래프 B에는 ‘5’만 적혀 있다.

비교해 봤을 때 직선의 각도는 분명 다르다. 하지만 눈금을 자세히 확인하니 양쪽 다 오른쪽으로 ‘5’만큼 나아갔을 때 위쪽으로 ‘5’만큼 증가했음을 알 수 있었다.

“뭐야, 이게!”

“이게 그래프예요. 얼핏 봐서는 달라 보이는 그래프이지만 계산상의 기울기는 같은 거, 이게 그래프의 함정이에요.”

좌절했다. 수학은 간단한 거라고 섣불리 생각하기 시작하고 있던 내 자만심에 경종이…….

"잠깐만. 기껏 '간단히 하기 위한 방법'까지 도달했는데 좀 너무한 거 아니야?"

"그렇죠, 기껏 이해하기 쉽게 했는데. 그러니까 이걸 피하기 위해 필요한 게 원래의 기울기를 계산해 내는 것…… 다시 말해서,"

알았다!

"미분!"

사토미와 나는 다시 한 번 한 목소리로 외쳤다.

이런 거구나. 어둠이 굽이치는 길목에 희미하게나마 등불이 켜진 듯한 기분이 들었다.

함수란 무엇인가?

"그럼, 미분으로 그래프의 기울기를 계산할 수 있다는 거지?"

엥? 내 손, 손에 땀이 흥건하다. 살짝 흥분을 했나. 몰라, 그게 무슨 상관이람? 나는 오직 답, 답을 알고 싶다고!

“서두르지 마세요. 그걸 하기 위해서는 먼저 그래프를 미분에 쓸 수 있는 형태로 만들어야 해요.”

골인 지점인줄 알았더니 장벽이 또 있다니! 하긴 그렇겠지.

“그으래? 그래프를 미분에 쓸 수 있도록 한다는 게 무슨 뜻이야?”

“그래프의 식을 알아야 기울기를 계산할 수 있어요. 그래프의 식을 ‘함수’라고 해요.”

“함수. 들어본…… 적 있는 것 같은데. 중학교 때…… 음 …… 미안, 그게 뭐더라?”

하……. 중학교 때부터 수학을 버렸습니다. 죄송합니다. 이제 곧 되찾아 올 테니 기다려! 아자!

“간단히 말하자면 함수란, 어떤 수가 하나 정해지면 그에 따라 또 하나의 수가 정해지는 식을 말하는 거예요.”

“아, 음. 미안, 이해가 안 된다…….”

미안합니다. ‘되찾아 오겠다’가 아니고 ‘되찾게 해주세요.’

“예를 들면,”

사토미는 사각사각 소리를 내며 노트에 그래프를 그리기 시작한다.

“1개에 10엔 하는 물건을 x개 샀을 때의 물건값 y를 나타내는 식은?”

"물건값＝물건의 가격×개수니까 $y=10x$"

내 우쭐한 얼굴 좀 보게. 이거 중학교 수학이거든?

"예, 정답입니다. 이 식은 어떤 수 x(물건의 개수)가 하나 정해지면 그에 따라 y(지불금액)가 하나 정해진다는 걸 나타내고 있어요."

"뭐, 개수가 늘어나면 지불금액도 달라지는 거니까."

"그래요. x(물건의 개수)가 변화하면 y(물건값)도 변화하죠. 이때 'y는 x의 함수'라고 말해요."

"뭐야, 간단하네."

"그렇죠?" 사토미가 웃었다.

"이걸 그래프로 표시하면 이렇게 돼요."

"오, 대단하다, 뭔가 그래프 같다!"

"이게 그래프의 기본이에요. 어려울 거 아무 것도 없어요."

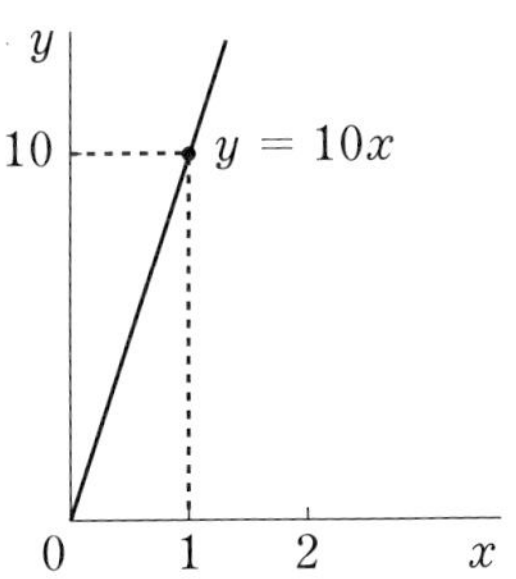

"그렇구나."

"참고로, 그래프 속의 점 부분을 '좌표'라고 해요."

그렇게 말하며 사토미는 그래프 위에 점을 찍는다.

"예를 들어 x가 2, y가 3이면 $(2, 3)$이라고 표시해요."

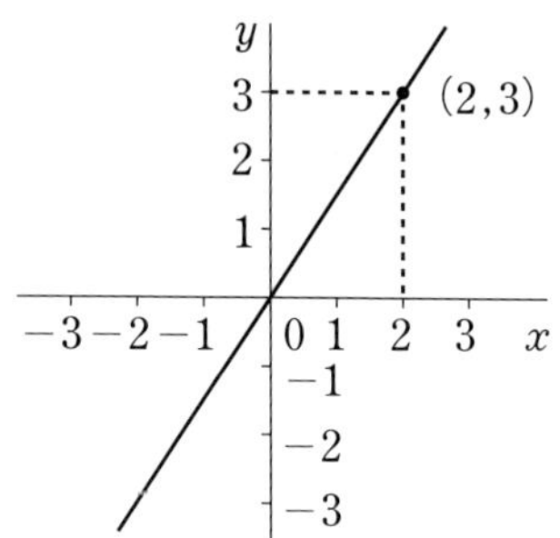

"이거 과학 과목에서 많이 쓰잖아. 기온 같은 데."

"그렇죠. 이 좌표를 선으로 이어간 게 바로 '그래프'예요."

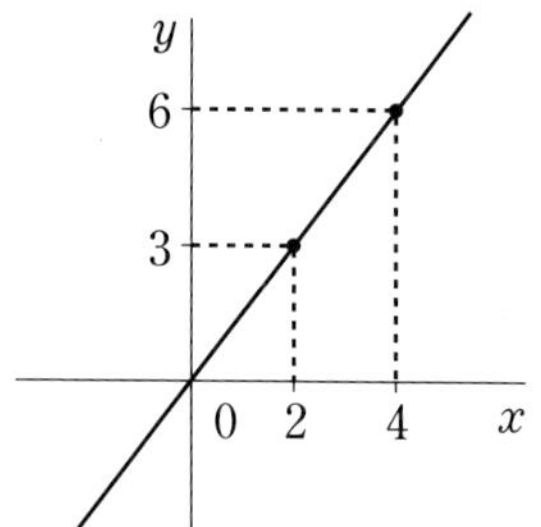

"그럼 이대로 이어지는 걸 자를 대고 쭉 그으면, x가 4일 때 y가 6……음, 이해가 되네."

"네, 그럼 이제 일차함수는 끝난 거예요!"

"뭐? 이, 일차?"

다양한 함수

"일차라니, 이차, 삼차도 있다는 거야?"

"있어요, x의 오른쪽 위에 붙어 있는 숫자를 지수라고 하는데, 일차함수는 함수식 중에서 가장 큰 x의 지수가 1이라는 뜻이에요. …… 이렇게 말해도 잘 모르겠죠. 구체적인 예를 보면 금방 이해가 될 거예요."

[일차함수] $y=x$
$y=x+5$
$y=10x$

[이차함수] $y=x^2$
$y=x^2+x+1$
$y=3x^2+5x+7$

[삼차함수] $y=x^3$
$y=x^3+6x^2+2x+1$
$y=5x^3+3x^2+7x+2$

"x의 몇 제곱이라고 하는 부분, 그러니까 그, 지, 지."

"지수죠. 지수 중 가장 큰 지수가 몇 '차수'가 되는 거예요."

"그럼 4나 5도 있는 거야?"

"예. 이하 마찬가지로 함수식 속의 가장 큰 지수가 n제곱 (n은 자연수)이라면, n차 함수가 돼요. 일차함수에서 삼차함수까지의 대표적인 식을 그래프로 만들면 이렇게 돼요."

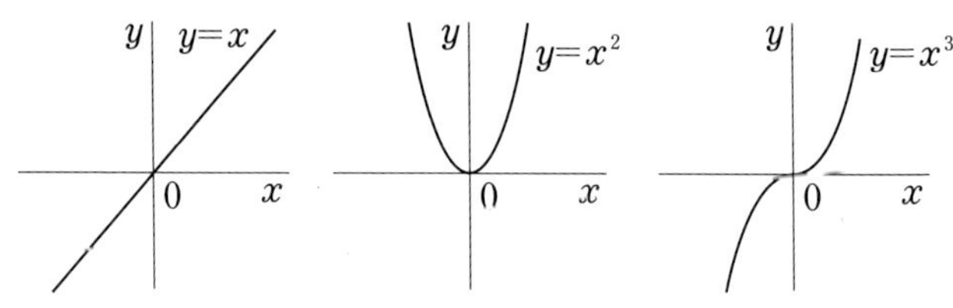

일반식(a, b, c, d는 정수)

[일차함수]　　$y=ax+b$

[이차함수]　　$y=ax^2+bx+c$

[삼차함수]　　$y=ax^3+bx^2+cx+d$

"일차함수가 좀 전처럼 직선이라는 거네. 이차함수는 곡선이지?"

"이건 '포물선(放物線)'이라고 해요. 공을 던지면 이런 느낌으로 떨어지잖아요?"

"어, 그래. 갑작스럽게 떨어지지는 않지."

"삼차함수는 부피 같은 데 사용돼요. 한 변이 x센티미터인 입방체의 부피의 경우 $y=x^3$이죠."

"그렇구나. 0차 함수란 것도 있어?"

“좋은 질문이에요!”

사토미는 샤프를 뱅글 돌리더니 펜 끝으로 나를 가리켰다. 혹시 이게 사토미의 십팔 번 포즈인가?

$$y = 200$$

“$y=200$, 같은 것도 이렇게…… 보세요, 직선이 되죠.”

“그냥 옆으로 쭉 누웠네…….”

“이건 함수에서 x의 값에 상관없이 y가 항상 200이라는 것을 나타내고 있어요. 이걸 ‘상수함수’라고 해요.”

“예를 들어, 배송비가 거리에 상관없이 전국 어디든 200엔이라고 치고 거리를 x, 요금을 y라고 하면 $y=200$이 되죠. 그밖에도 함수에는 삼각함수, 지수함수, 대수함수, 분수함수 같은 것들이…….”

“그만, 그만! 그, 그건 좀 머리에 들어올 것 같지 않으니까 지금은 패스!”

"그렇죠. 그럼 다 끝내고 나면 그때 해요!"

엥?

'다 끝내고 나면……' 이라니, 할 게 더 남았다는 거야?

$y=f(x)$란?

"함수에는 또 한 가지 다른 표시방법이 있어요."

"엥? 그건 금시초문인데……."

사토미는 갑작갑작 종이에 글씨를 써 넣었다.

$$y=f(x)$$

"이것도 y는 x의 함수임을 나타내고 있어요."

"어떻게 읽는데?"

"그냥 그대로 '와이는 에프엑스'라고 읽어요. $y=f(x)$란, $f(\ )$라는 상자 안에 뭔가를 넣으면 그게 어떤 정해진 규칙에 따라 y가 된다는 의미예요."

"상자 안이라……. 아, 좋은 생각이 났다. 예를 들면 얼음=냉동고(물)이란 거?"

나도 내 샤프펜슬을 쥐고 사토미의 그림 옆에 그려 넣었다.

68

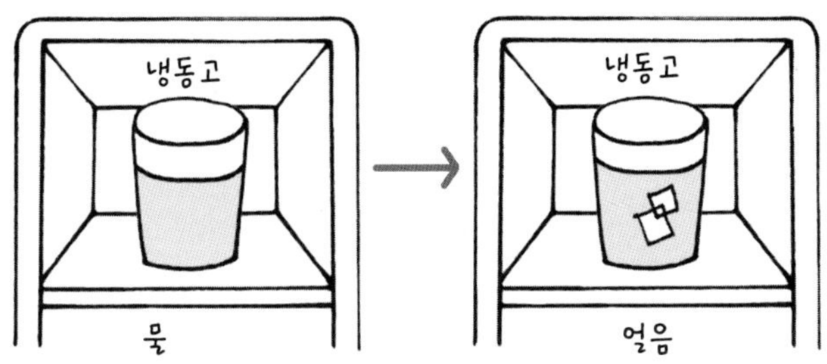

음, 너무 애 같은 발상인가? 하지만 상자라고 했으니 이게 최선 아니야?

"예. 좋은 예네요. 냉동고는 물을 얼음으로 바꾸는 상자라는 거죠."

"야호! 해냈다!"

처음으로 내 힘만으로 발견해낸 답. 허허, 손가락 끝까지 피가 도는데……. 뭔가 기분 좋은걸!

"$y=f(x)$의 $f(x)$가 'x를 5배로 만드시오' 하는 상자라면, $f(x)$는 5가 되니까 $f(x)=5x$라고 표시할 수 있죠."

"$f(x)=5x$는 $y=5x$와 똑같은 함수라는 거야?"

"예. 또, $f(x)=2x+1$은, x안에 넣은 수를 2배한 다음 1을 더하라는 상자예요. 이때 $f(3)$이라면, y는 뭘까요?"

"자, 잠깐만, 내가 풀 테니까……."

이런 기분은 처음이다. 내가 포기하지 않고 스스로 문제를 풀려 하고 있다니. 이렇게 된 이상 오기로라도 한다. 그러니까 3이라고…… x가 3…….

"$f(3)=2\times3+1=7$이다."

"예. 정답입니다!"

"이얏호!"

나는 주먹을 불끈 쥐었다. 풀었다, 풀어냈다고. 온전히 내 힘만으로! 와우, 기분 째진다……!

어이, 어떠냐, 도서실의 하나콘지 뭔지. 도서실에서 이렇게나 충실한 공부를 하고 있으니 불만 없겠지?

"저기, 사토미."

나는 나직이 중얼대고 있었다.

"재미있네."

얼마 전까지만 해도 고통 그 자체였던 수학이, 문제를 풀 수 있게 되면 이렇게나 즐거운 것인 줄은 몰랐다.

"그렇죠. 이 함수에도 비밀이 있어서…… 아, 참고서를 좀 가져올 테니 잠깐 기다려보세요!"

사토미가 또 뭔가 오해를 하고 수학폭주를 할 기미를 보이기에 제동을 건다. 이대로 가다가는 집에 못 간다.

70

"그게 아니라. 이렇게 천천히 도서실에서 수학을 생각하는 시간을 가질 수 있다는 게 재미있다고. 지금까지는 생각해본 적도 없었으니까."

"네에, 저도……."

금세 폭주모드가 꺼져 버린 모양이다.

"저, 저는…… 지금까지 남들과 수학이야기를 해본 적이 거의 없다고 해야 되나, 저기, 남과 대화를 잘 못해서…… 그래서……."

구름이 흘렀는지, 도서실에 새빨간 석양빛이 스며들어 왔다. 눈부신 빛에 아뜩해진 눈으로 나는 사토미의 얼굴을 봤다.

"저도 지금, 무척 즐거워요."

사토미의 얼굴은 저녁놀을 받아 새빨갛게 물들어 있었다. 수학 이야기를 할 때의 웃는 얼굴과는 또 다른, 진심으로 행복해 보이는 웃는 얼굴이다.

사토미란 애는 부끄럼쟁이거나 괴짜 둘 중 하나라고 생각했는데, 이런 표정도 짓는구나. 꽤 귀여운 구석이 있군.

이봐, 도서실의 하나코 씨, 내가 똑똑히 말해 둘 게 있어.

즐거운 시간을 보내게 해줘서 고마워. 바라옵건대 이런 상황이 계속되기를.

하지만 재시험에는 합격할 수 있기를.

미분과 그래프의 관계란?

● 미분이란, 시간을 잘게 쪼개어 그 순간의 상태나 변화의 방식을 분석하는 방법

↓

● 이것은 그래프의 변화 방식을 분석하는 것

↓

● 요컨대 미분이란, 그래프의 기울기를 계산해 내는 것

기울기를 보는 법

● 기울기가 오른쪽 위를 향하고 있을 경우 → 기울기가 양수인 상태

● 기울기가 오른쪽 아래를 향하고 있을 경우 → 기울기가 음수인 상태

● 기울기가 전혀 없는 부분 → 기울기가 0인 상태

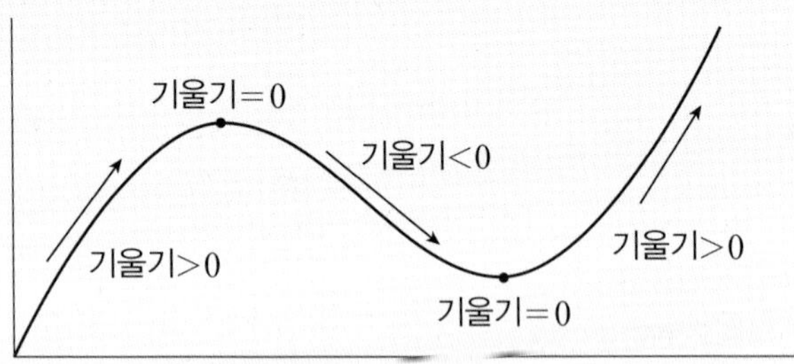

그래프의 겉보기에 속지 말라!

1. 표시된 그래프의 각도만으로 판단하면 틀릴 수가 있다.

2. 선 그래프의 겉으로 보이는 각도는 실제 기울기를 나타내는 것이 아니다.

3. 정확한 판단을 하려면 원래의 기울기를 계산해 내야 한다.

72

함수란?

① 함수

　→ 어떤 수가 하나 결정되면 그에 대응하는 다른 하나의 수가 결정되는 식

　㉫ $y=10x$

② 함수의 일반식 (a, b, c, d는 정수)

　[일차함수] $y=ax+b$

　[이차함수] $y=ax^2+bx+c$

　[삼차함수] $y=ax^3+bx^2+cx+d$

$y=f(x)$란?

③ 함수를 $y=f(x)$로 표시하는 방법도 있다. 단순히 함수 $f(x)$라고 하는 경우도 있다.

④ $y=f(x)$는 '와이는 에프엑스'라고 읽는다.

⑤ $f(x)$의 'f'는 함수기호라고 하는 것으로, 영어로 함수를 의미하는 'function'의 머리글자다.

⑥ $y=f(x)$란, $f(\ )$라는 상자 안에 무언가를 넣으면 어떤 정해진 규칙에 따라 y가 된다는 의미. 다시 말해서 $y=f(x)$의 x에 어떤 수를 대입하면 y의 값을 구할 수 있다.

　㉫ $y=f(x)$에서 $f(x)=3x+5$라면,

　　$f(1)=3\times1+5=8$

　　$f(2)=3\times2+5=11$

　　$f(3)=3\times3+5=14$

이런 식으로 괄호 안의 숫자를 x에 대입한 것이 y가 된다.

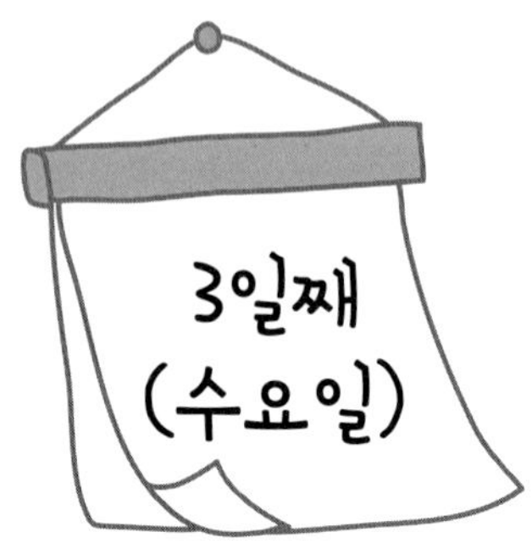

직선의 기울기란?

"오늘 고마웠어, 내일도 잘 부탁해."

이것은 지난밤에 사토미에게 보낸 메일 내용이다.

내가 생각해도 멋대가리 없는 내용이지만 멋 부린 말을 쓸 수 있을 정도로 친해지진 않았지. 이런 한심한 놈.

그 때문인가 싶었다. 수업을 마치고 도서실에 갔더니 사토미가 안 보였거든.

'벌써 사흘째인데 어떻게 날마다 있겠어' 싶긴 했지만 얄궂게 불안해진다. 두 명 이상이면 나오지 않지만, 혼자 있으면 나타난다는 도서실의 하나코……

아, 아하하. 설마.

…… 어제는 이래저래 시건방진 소리를 해서 죄송합니다.

그나저나 사토미는 어디로 간 걸까? 막상 자리에 앉아서 교과서를 펼쳐도 그 애가 없으니 도무지 할 마음이 안 난다.

으음, 내가 뭔가 미운 짓이라도 했나. 여자의 마음은 복잡한 것.

어, 잠깐만. 어제 헤어질 때 내가 사토미한테 '사토미의 글씨 개성 있다.' 이런 말을 했던 것 같은데.

물론 '글씨가 귀엽더라.' 하는 칭찬의 말이었지만, 설마 그것 때문에 상처 받았나. 헐, 그럴 수도…….

도서실의 하나코 님. 내 어리석은 입을 용서해 주세요. 이러고 생각하고 있는데 갑자기 문이 열렸다. 워낙에 느닷없다 보니 놀라서 의자와 함께 자빠질 뻔했다.

"앗! 죄송해요!"

사토미는 졸랑졸랑 달려와서 나를 일으켜 줬다.

"아하하, 이런 창피하군."

얼굴이 화끈거렸다. 그러고 보니 사토미와 처음 만났을 때는 입장이 정반대였지.

"정말 죄송해요. 좀 늦었죠."

"아냐. 내가 좀 일찍 왔지 뭐……."

나는 우선 나동그라진 노트와 교과서, 필통을 주워들며 말했다.

사토미는 자리에 선 채 왜 그러는지 우물쭈물하고 있다.

어? 아직 수학 스위치가 안 켜졌나? 괜히 침묵을 만들어 봐야 어색하니 바로 시작해 볼까.

"그나저나 오늘은."

"아, 저기 저."

동시에 말했다! 아 놔, 동시에 말한 뒤의 침묵이 훨씬 어색한 건데!

괜히 얄궂게 쑥스러워서 고개를 숙이며 사토미에게 손을 내밀었다.

"미안. 먼저 말해."

"아, 예."

사토미는 새빨갛게 물든 얼굴로 입가에 손을 댄 채 꼬물꼬물하고 있었다. 평소와는 좀 다르다. 이 상황은…… 보고 있는 내가 더 쑥스러워지는 것 같다.

자세히 보니 입가에 대고 있지 않은 왼손에는 작은 꾸러미가 쥐여 있었다.

"어, 그거 혹시."

난 정말이지 입이 방정이다. 생각없이 불쑥 말해버렸다.

에라 모르겠다, 이제 막을 수 없어.

하지만 결심이 서지 않아 망설이던 사토미에게는 이게 아주 좋은 타이밍이었던 모양이다.

"이거, 요리실습 시간에 만든 쿠키예요. 호, 혹시 괜찮으면…… 드, 드세요."

"나, 나한테 주는 거야?"

"괘, 괜한 짓인가요? 맛은 그다지 별로지만……."

"잘 먹을게!"

우오오. 여학생이 직접 만든 걸 받아보는 건 태어나서 처음이다! …… 아닌가.

옛날 하고도 옛날 초등학생 때, 얏코가 만든 엄청나게 딱딱한 떡인지 핫케이크인지 전병인지 정체를 알 수 없는 걸 억지로 먹은 적은 있었지. 아니, 그건 셈에 안 넣어도 되니까 이번이 처음인 걸로 하자!

둘이서 책상을 사이에 두고 의자에 마주 앉은 뒤 나는 사토미가 만든 쿠키의 포장을 뜯었다. 오오, 초코칩에서 달콤한 냄새가 난다.

"아."

먹으려다 말고 나는 순간 손을 멈췄다.

"도서실에서 음식 먹어도 되나?"

“그, 그러게요……. 하, 하지만 오늘은 우리 두 사람뿐
이니까…… 두 사람만 아는 비밀로 하고.”

사토미는 굉장히 수줍어하면서 고개를 한번 갸웃이 웃었다.

눈썹이 축 처지게 웃는 걸 보니 ‘쓴웃음’으로 보는 게 맞
는지도 모르지만 나한테는 행복한 웃음이었다.

그렇잖아, ‘두 사람만의 비밀’이라니까? 인생 최초. 여학
생의 비밀을 차지했다고!

얼른 초코칩 쿠키 하나를 들어 꿀꺽했다.

이야, 맛있다!

혀에 감기는 부드러운 감촉. 진하지 않은 은은한 단 맛
에 쌉쌀한 어른의 초콜릿 맛. 가장자리는 바삭바삭하고 속
은 촉촉한 촉감……. 완전 프로급 솜씨인데?

“이거 엄청나게 맛있다! 웅?”

털썩.

허얼?

내가 정신없이 먹고 있는 사이 사토미는 참고서를 잔뜩
챙겨 왔다. 쿠키와 나와 사토미 사이에 참고서의 에베레스
트 산이 떡 버티고 서 있다.

“자, 오늘은 여기서부터 시작할 거예요.”

그랬다. 스위치 온 모드였던 것이다.

사토미의 표정이 산처럼 쌓인 책 더미에 가려 잘 보이지 않았다.

"그럼 어제 하던 걸 계속하죠. 그래프의 기울기를 계산해 내기 위해서는 그래프를 미분할 수 있는 형태로 만들 필요가 있었죠."

"어엉, 쩝쩝…… 꿀꺽. 그게 함수지!"

씹던 쿠키를 삼키고 의기양양하게 나는 말했다. 아, 맛있다.

"예. 그럼 오늘은 직선 그래프의 기울기에 대해 설명할게요. 직선 그래프란 일차함수를 말해요."

"몇 제곱 같은 게 안 붙고 x만 있는 그래프지?"

"쉽게 말하자면 그렇죠. 예를 들어 일차함수 $y=x$의 그래프 기울기는 얼마인가요?"

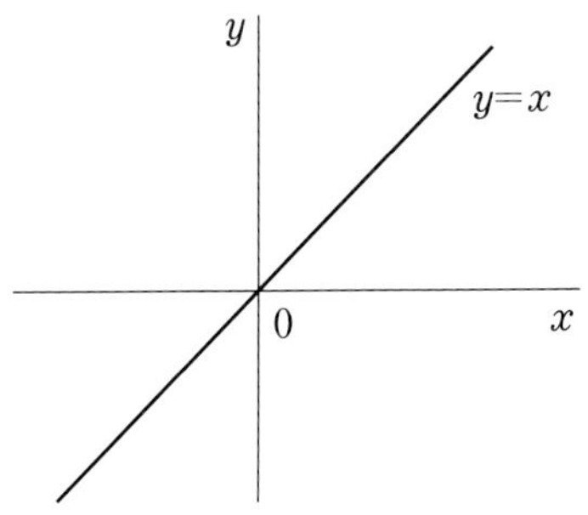

"45도. 이건 기억하고 있어!"

"후후…… 물론 그렇게 보이긴 하지만…… ."

보아하니 사토미는 애써 웃음을 참고 있는 눈치다. 완벽하게 수학 폭주 모드다. 선생님, 천사가 악마로 변했어요!

"하지만 유감스럽게도 그래프의 기울기는 그런 식으로 나타내지 않아요."

"으앗, 또 한정인기야? 그럼 어떻게 해야 되지?"

"직선 그래프의 경우, 아무 데나 상관없으니까 두 점을 골라서 이런 식으로 직각삼각형을 만들어요. 그리고 '세로로 증가한 길이÷가로로 증가한 길이'를 한 게 기울기가 돼요."

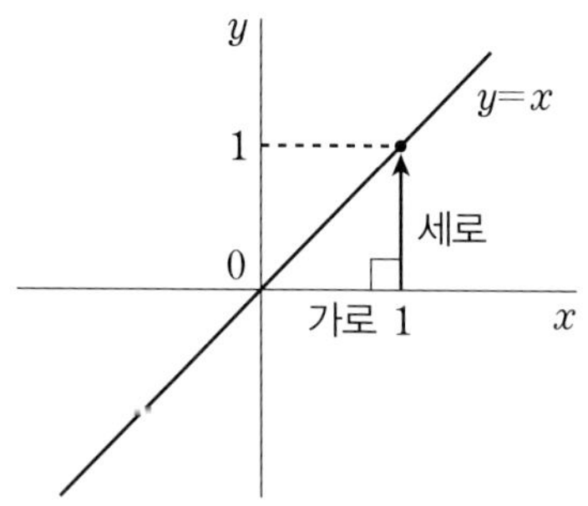

$$직선그래프의\ 기울기 = \frac{세로(y축)\ 증가량}{가로(x축)\ 증가량}$$

"음 그러니까. $y=x$의 그래프는 x축 증가량이 1일 때 y축 증가량도 1인 거 맞지?"

"예. 그러니까 (y축 증가량)÷(x축 증가량)=1÷1=1, $y=x$의 그래프 기울기는 어디서든 1이게 돼요."

"응. 어? 그럼 45도 맞잖아?"

"각도로 나타내지 않아요. 기울기는 '1'이에요. 그럼 $y=-x$ 그래프의 기울기를 구해보세요."

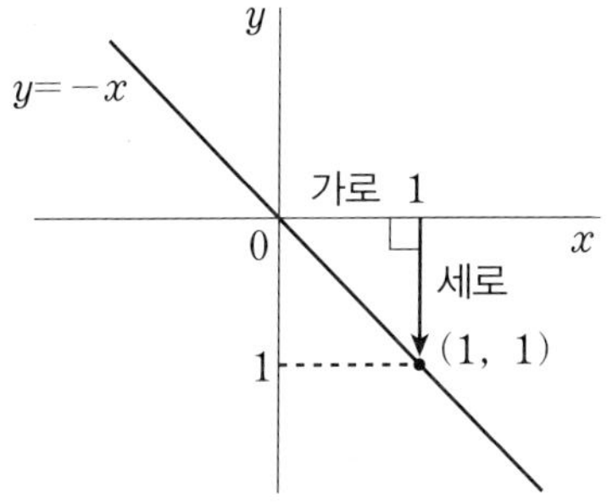

"음, 좀 전과는 기울기가 반대지."

"가로(x축 방향)로는 1 증가했지만, 세로(y축 방향)로는 1 감소했기 때문에 다시 말하면 −1 증가. 그러니까 기울기는, (세로로 증가한 길이)÷(가로로 증가한 길이)=−1÷1 =−1이죠."

그렇게 말하고 사토미는 그래프의 오른쪽 아래 방향을 가리킨다.

"오른쪽 아래로 향하는 직선 그래프의 기울기는 0보다 작은 음수가 돼요. 이걸 응용해서 직선상에 있는 두 점의 좌표를 알면 그 직선의 기울기를 구할 수 있어요."

"두 점의 좌표만 알면 되는 거지?"

"예. 일차함수의 기울기는 두 점의 세로 길이의 차이를 가로 길이의 차로 나눈 거예요. 좌표로 말하자면 기울기＝(두 점 사이의 y좌표의 차)÷(x좌표의 차)죠."

$$직선그래프의\ 기울기 = \frac{세로(y축)\ 증가량}{가로(x축)\ 증가량}$$

"$y=2x$인 그래프는 $(x,\ y)=(1,\ 2)$와 $(x,\ y)=(2,\ 4)$인 두 좌표를 연결한 거예요. 기울기가 어떻게 되죠?"

"세로 길이의 차는 y좌표의 차니까 $4-2=2$이고. 그리고 가로 길이의 차는 x좌표의 차니까 $2-1=1$. 그러니까 기울기는……$2÷1=2$?"

"예, 정답입니다!"

"아싸!"

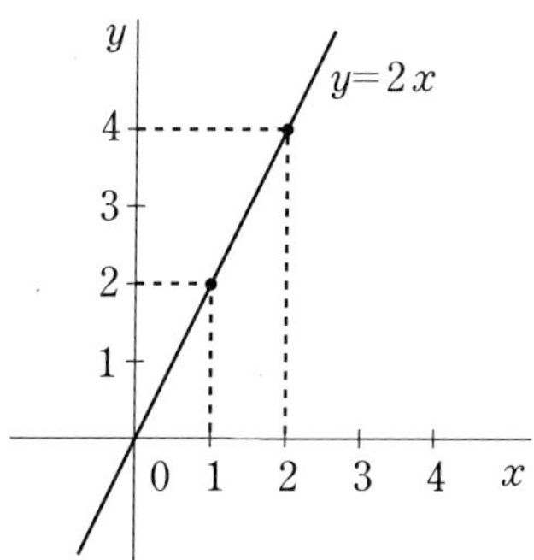

"그래프는 전에 말한 것처럼 표시 방식에 따라 각도가 변해요. 그러니까 절대 변하지 않는 '기울기'는 각도가 아니라 수치로 표시해요."

"그렇구나."

사토미는 메모장에 사각사각 공식을 써넣기 시작했다.

역시 사토미의 글씨, 좀 귀엽다니깐, 응.

두 점 AB의 좌표가 A점 $(x,\, y)=(a,\, b)$, B점 $(x,\, y)=(c,\, d)$라면, 이 직선의 기울기는 이래요.

$$\text{직선그래프의 기울기} = \frac{\text{세로 길이의 차}}{\text{가로 길이의 차}}$$

$$= \frac{y\text{좌표의 차}}{x\text{좌표의 차}} = \frac{d-b}{c-a}$$

"자, 이건 드릴게요."

"뭐, 그래도 돼?"

야호, 여학생의 자필편지 처음으로 획득했다! …… 그게 아니지, 이걸 편지로 보긴 좀.

"자, 연습문제를 풀어볼까요. 이제 실천을 해야죠!"

[연습문제] $y=-5x+4$인 그래프의 기울기는?

[답]
$(x, y)=(0, 4)$와 $(x, y)=(1, -1)$인 좌표를 지나가고 있으므로,

$$직선그래프의\ 기울기 = \frac{y축\ 증가량}{x축\ 증가량} = \frac{y좌표값의\ 차}{x좌표값의\ 차}$$

$$= \frac{d-b}{c-a} = \frac{-1-4}{1-0} = \frac{-5}{1} = -5$$

직선의 기울기는 계수를 보면 알 수 있다

"그럼, 지금까지 나온 일차함수의 기울기를 정리해보죠."

$$
\begin{array}{ccc}
\text{함수} & & \text{기울기} \\
y = x & \rightarrow & 1 \\
y = 2x & \rightarrow & 2 \\
y = -3x + 1 & \rightarrow & -3
\end{array}
$$

"이 함수식과 기울기를 보고 뭔가 느끼는 게 없어요?"

"으음, 아. 앞의 숫자가 '기울기'가 되었다는 거?"

"그래요. 앞에 붙어 있는 숫자를 '계수'라고 하는데 일차함수의 경우 이 계수가 기울기를 나타내요."

"뭐야. 계산할 필요도 없었던 거잖아."

"그럼 못 써요!"

탁! 사토미가 책상을 때렸다. 쿠키가 펄쩍 튄다.

"아, 예!"

"이건 일차함수에만 해당되는 경우고 기울기의 의미와 구하는 방법의 기본은 알아둘 필요가 있어요. 이차함수에서는 쓸 수 없으니까."

"그렇구나. 어쨌든 일차함수에서는 '계수'가 '기울기'인 거지?"

"예. 그러니까 일반적인 일차함수 $y = ax + b\,(a \neq 0)$의 '기울기'는 a가 된다는 거예요. 구조는 아까 했던 그, 두 좌표의 차를 나눈 거죠.”

“질문! 그럼 $y=1$의 기울기는 어떻게 되지?”

“좋은 질문이네요!”

사토미의 필살기! 샤프 돌려 찌르기 신공!

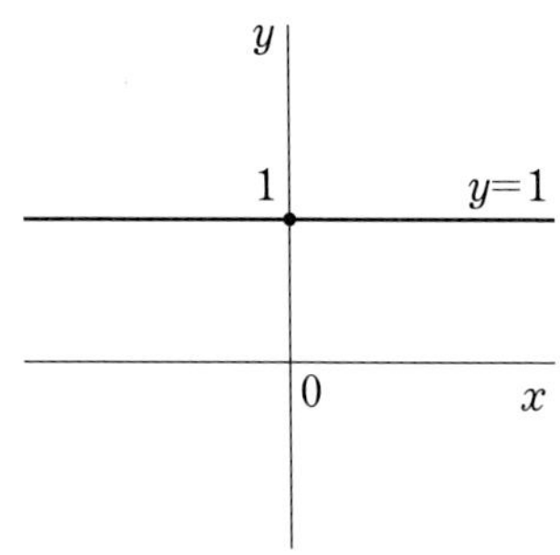

“보시는 대로 $y=1$은 x축(가로축)으로 평행한 직선이에요. 이런 직선을 뭐라고 했는지 기억나세요?”

“상수함수였던가?”

“맞아요!”

기쁜 얼굴로 사토미가 폴짝 뛰었디. 구키노 폴짝 뛰었다.

“이 경우에는, 오른쪽으로 1만큼 증가해도 위쪽으로는 증가하지 않았기 때문에 기울기는 0이에요.”

“그럼 반대로 $x=1$의 기울기는?”

“지금 바로 그려볼게요.”

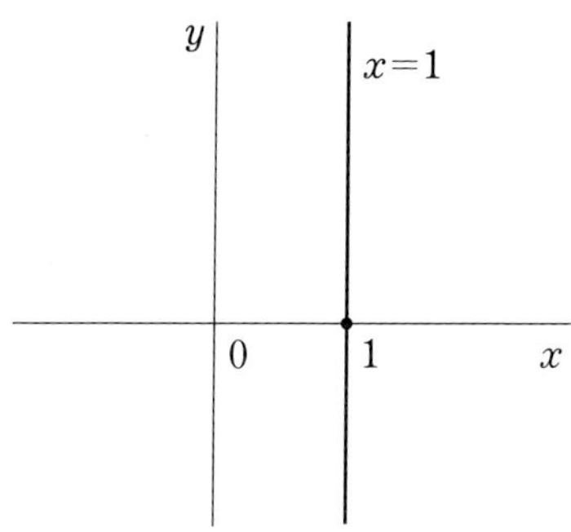

"세로로 서 있네. 기울지는 않았는데…… 가로로 평행하지도 않잖아?"

"예. x축과 평행한 게 아니라 y축과 평행하게 되죠. 이 경우는 기울기가 없다고 할 수 있지만 반대로 최대 기울기가 있다고 생각할 수도 있어요."

"아, 평지가 아니라 절벽이라는 소린가."

"그래서 이 그래프의 기울기를 '무한대'라고 표현하기도 해요."

"무, 무한대!"

"$y=a$의 그래프 기울기는 0, $x=a$의 그래프는 기울기의 값이 없다고 생각하는 경우와, 기울기는 무한대라고 생각하는 경우가 있어요."

사토미는 또 샤프를 고쳐 쥐고 글을 쓰기 시작했다.

아, 곰돌이 푸우 무늬다. 왠지 좀 귀여운걸.

◆ 다양한 직선의 기울기

$y=a$ → 기울기$=0$

$x=a$ → 기울기$=$값이 없거나 혹은 무한대

$y=x$ → 기울기$=1$

$y=3x+5$ → 기울기$=3$

$y=-2x+3$ → 기울기$=-2$

◆ 일차함수의 기울기는 x의 계수

$y=ax+b(a\neq0)$ → 기울기$=a$

$y=x+2$ → 기울기$=1$

$y=3x+4$ → 기울기$=3$

[연습문제] 다음 일차함수의 기울기는?

    1. $y=5x+2$

    2. $y=x+3$

    3. $y=\dfrac{1}{2}x+6$

    4. $y=7$

    5. $x=3$

[답]

1. → 기울기=5

2. → 기울기=1

3. → 기울기=$\frac{1}{2}$

4. → 기울기=0

5. → 기울기=값이 없거나 또는 무한대

속도는 기울기

"대강 이해는 가는데 아직 뭐랄까, 좀 확실히 들어오지가 않네."

"그렇죠, 한번 예를 들어볼게요. 가장 이해가 쉬운 게…… 속도이려나. 자동차 좋아하세요?"

"어, 진짜 좋아해. 18살만 되면 면허를 딸 생각이야!"

"그럼 일차함수의 응용으로 속도와 미분을 알아 두면 편리하겠네요."

"흠, 네가 말을 하면 이상하게 다 설득력이 있다니까."

"전에도 말했듯이 시간을 잘게 쪼갠 순간의 상태나 변화를 보는 게 미분이에요. 그리고 속도는 미분 그 자체를 나타내고 있어요."

"달리는 자동차의 순간의 상태 그 자체를 떼어낸 거니까, 맞지?"

"그래요. 기억하고 있네요!"

뭔가 정말로 선생님과 학생의 대화 같이 돼버렸다. 하지만 칭찬 받았는데 싫은 기분일 리 있나. 당연히 기쁘지.

"속도란 거리 ÷ 시간으로 구할 수가 있어요. 거리를 시간으로 미분하는 거죠. 지금은 어렴풋이만 이해해도 상관없어요."

"알았어, 어렴풋이, 어렴풋이."

"여기서 함수가 등장합니다. 시간과 거리의 관계를 그래프로 표시하면 기울기가 나오잖아요. 이 기울기는 무엇을 나타내는지 알겠어요?"

"기울기…… 시간과 거리의 관계니까……. 아, 속도!"

"정답입니다! 예를 들어 2시간에 80킬로미터를 달렸을 경우, 이것을 가로축(축)에 시간, 세로축(축)에 거리를 표시하고 그래프로 나타내면 이렇게 돼요."

"이때 속도＝거리÷시간이니까 80÷2＝40, 속도는 시속 40킬로미터죠."

"안전운전이네."

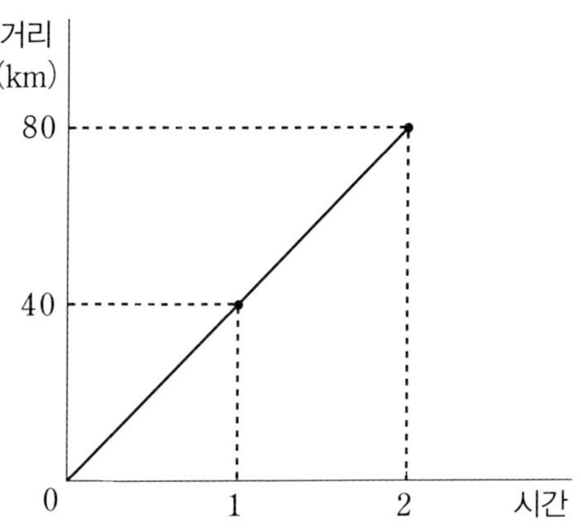

"이걸 함수로 나타내면 거리가 y, 시간이 x이니까 $y = 40x$ 라는 식이 나와요. 함수는 우리 바로 곁에 있어요."

"어? 근데 자동차는 빨간 신호에서 멈추고 그러잖아?"

"그러니까 일정한 기울기의 일차함수가 되는 경우는 거의 없어요. 이 그래프는 자동차의 순간의 속도를 '미분'해서 떼어낸 거죠."

"그렇구나. 조금씩 확인해간다 이건가."

"미카미 군도 안전운전 드라이버가 돼주세요!"

"뭐야, 엄마 같이. 예예, 알겠습니다!"

"아하하."

사토미는 어깨를 흔들며 웃었다.

그 모습을 보자 뜬금없이 내가 운전하는 자동차 조수석에 사토미가 타는 상상을 하고 말았다.

야야, 사토미랑 드라이브하면 하루 종일 수학 이야기만 하게 된다?

…… 그래도, 나쁘지 않을지도 모르겠다.

곡선의 기울기란?

"직선 그래프의 경우에는 그 어떤 한 점에서 봐도 기울기는 모두 동일해요. 아까 설명했듯이 직선의 기울기는 간단히 구할 수 있죠."

그렇게 말하고 사토미는 아까 그린 그래프를 가리켰다. 그 말마따나 똑바로 뻗은 그래프는 이해가 쉽다.

"하지만 곡선의 기울기를 구하기는 그리 간단하지 않아요."

"곡선 말이지……. 애초에 기울기라고 말해도 되나? 구부러져 있는데."

"바로 그거예요! 곡선 상의 한 점의 기울기를 구한다는 것은 시시각각으로 변화하고 있는 어느 순간의 기울기를 구하는 거예요."

시시각각, 이라는 부분을 사토미는 살짝 힘주어 말했다.

확실히 느낌이 좋다. 시시각각.

"알 것 같다. 여기부터가 출발점인 거지?"

"예! 직선의 기울기는 미분의 지식이 없어도 간단히 구할 수 있어요. 하지만 곡선인 이차함수 등의 기울기는 그리 쉽게 알 수는 없죠."

"그래서 미분이 필요해지는 거구나."

"바로 그거예요!" 사토미의 눈이 초롱초롱 빛났다.

처음에는 수학 부스터 스위치가 살짝 무서웠지만 지금은 오히려 즐거워졌기 때문에 나도 약간 흥분되는 상태다. 눈빛이 바뀐다니까?

◆ 직선과 곡선의 기울기의 차이

직선의 기울기(일차함수의 기울기)

　　　→ 어디든 같은 기울기

　　　→ 기울기 구하는 법이 간단함

곡선의 기울기(이차함수의 기울기)

　　　→ 기울기는 위치에 따라 달라짐

　　　→ 기울기를 구하기 위해서는 미분이 필요함

"단, 그 전에 '순간'이란 무엇인가를 생각할 필요가 있어
요."

"순간이란 눈 한 번 깜짝할 정도의 한순간을 말하는 거잖
아?"

"그럼 그 한순간이란 것은 구체적으로 어느 정도의 시간
인가요?"

이번에도 또 필살기인 샤프 찌르기 신공. 충성!

"구, 구체적이라니…… 1초, 아니 0.1초. 아니 모르겠
다, 어느 정돈데?"

"애초에 순간을 설명하는 것은 굉장히 어렵다는 소리예요."

샤프를 재주 좋게 손가락 끝으로 돌리고 사토미는 말한다.

"순간이라는 게 몇 초다, 같은 구체적인 시간이 있는 게
아니니까요."

"무슨 말인지 잘 모르겠는데…… 그래서 뭐라는 거야?"

"미분이란 시간을 자꾸만 쪼개어 가고, 그 상태나 변화
를 보는 것. 요컨대 시간을 자꾸만 쪼개어 간다는 것이 '순
간'에 한없이 가까워져간다는 거예요."

"굉장하다…… 미분이란, 궁극의 '순간'을 보는 것인가."

"그래요! 미분이란 그래프에 있는 '순간'의 기울기를 구
하는 거니까요. 정말로 한계까지 자잘하게요!"

"으으음. '순간'이란 결국 뭐라는 거지?"

"이게 바로 인간의 지혜의 역사지요."

우쭐한 얼굴의 사토미. 어째 방금전보다 더 흥분한 것 같다.

"미분이 적분보다 2천 년이나 늦게 탄생한 건, 이 순간이라는 것의 의미를 제대로 설명할 수 없었기 때문이에요."

"우리가 그런 복잡한 걸 알게 된다고?"

"알게 돼요!"

사토미의 흥분도가 최고점에 도달했다. 목소리가 밝아져 간다.

"시간이 0이 되면 그건 더는 순간이 아니에요. 그러니까 시간이 0이 되기 직전이 순간이에요. 그런데 이렇게 되면 시간이 0이 되기 직전이 대체 어디인지 모른다는 게 문제죠."

"없어져 버리면 의미가 없지."

"그러니까 시간이 0이 되기 직전이라는 건, 한없이 0에 가까운 시간에 접근시키는 것이라고 생각한 거죠. 하지만 0은 되지 않아요. 어디까지나 시간을 한없이 0에 가깝게 접근시키는 거, 그게 '순간'이에요."

"알 것 같기도 하고 모를 것 같기도 하고……."

"'한없이 0에 가까이 접근시킨다'는 것은 '무한히 0에 접근시킨다.', '무한하게 시간을 짧게 만든다.' 라는 말과 같은 뜻이에요."

"무한!"

아무래도 나는 '무한'이라는 단어를 들으면 가슴이 두근두근하는 모양이다. 참 단순하다. 그래도 무한이잖아, 로망을 느낀다고!

"어렴풋이 이해하는 걸로 충분해요. '순간'을 완벽하게 이해하기는 불가능하니까요. 다만 이 '순간'의 개념, 한없이 무한히 0에 가까이 접근시킨다는 개념이야말로 미분의 본질이니까, 그…… 이건 꼭 알아뒀으면 했어요!"

사토미는 두 손으로 책상을 짚고 의자에서 일어섰다. 덩달아 나도 딸까닥 소릴 내며 일어선다.

둘이 함께 일어선 순간, 지나치게 흥분해 있었다는 것을 서로 깨닫고는 갑자기 차게 식고 말았다.

이제부터가 시작이라니까. 아직 일러, 너무 이르다고!

어쩐지 서로 쑥스러워져서 눈을 피하며 천천히 의자에 앉는다.

"고, 곡선의 기울기 이야기로 돌아가죠."

사토미는 황급히 안경을 고쳐 쓰며 종이에 메모를 하기 시작했다.

곡선의 기울기와 극한치

"곡선 상의 한 점의 기울기는 미분으로 구할 수 있다는 건 알았어."

"미분 계산에 대해서는 나중에 설명하기로 하고요, 문제가 되고 있는 '곡선 상의 한 점의 기울기'란 무엇인가부터 이야기해드릴게요."

"미분 계산으로 누워서 떡 먹기, 맞지?"

"아니에요!"

사토미의 목소리가 갑자기 커지는 바람에 나는 움찔 했다.

이런, 이놈의 입이 방정을 떤 모양이다.

"아니, 아닌 건 아니네요! 그렇긴 한데요……. '미분'으로 무엇을 하고 있는지는 알아뒀으면 좋겠어요. 단순히 공식을 써서 계산만 하는 게 아니라."

"아, 알았어. 미안."

그렇겠지. 내 머릿속에서, 수학도 재미있는 구석이 있네? 하는 생각과 쉽고 편하게 풀고 싶다는 생각이 뒤섞여 있어.

사토미가 보고 있는 풍경은 편하게 풀고 싶어만 해서는 보이지 않는다. 그걸 간과하고 있었단 말이야, 나는?

“저, 저야말로 죄송해요. 나도 모르게 벌컥 해서…….”

“그래서, 곡선 상의 한 점의 기울기란 어떤 거야?”

나는 바로 이야기를 되돌렸다. 그냥 두면 언제까지고 둘이서 ‘미안합니다.’를 주거니받거니 하고 있을 것 같았다.

아니나 다를까, 사토미는 곧바로 이야기를 원래대로 되돌려 줬다.

“그림처럼 곡선 상의 떨어두 점 **AB**를 이은 직선은, 한눈에 봐도 기울기를 알 수 있죠. 이 곡선 상의, 예를 들면 **A**점의 기울기를 구하려면 어떻게 해야 할까요?”

“으음……. 모르겠는데…….”

“**A**점의 기울기란 이 곡선 상의 **A**점에 있어서 순간의 기울기예요. 순간 뭘 말하는시 기억나세요?”

“한없이 0에 가까이 접근시키는 거…… 였지.”

“예. 그러니까 **A**점의 기울기를 구하려면 **B**점을 한없이 **A**점에 가까이 접근시키면 돼요.”

“우와, 그런 방법이 있었구나!”

눈이 번쩍 뜨이는 정도가 아니라 신세계를 봤다는 기분이다.

"점 A에 점 B를 한없이 가까이 접근시킨다 하더라도, 점 AB 사이에는 눈에 보이지 않을 정도로 짧은 틈이 있어서 점 B가 점 A에 한없이 가까이 접근하면 할수록, A점의 순간의 기울기에 다가가게 돼요."

"거리를 좁히면 좁힐수록…… 정말이네!"

"그리고 순간의 기울기란 한없이 0에 가까이 접근시킨 상태이기는 해도 결코 0은 아니라고 했듯이 점 B가 점 A에 한없이 다가가도 결코 그 두 점이 겹치는 일은 없어요."

"그렇지. 점으로는…….."

"그런데, 지금부터가 좀 까다로운데, 실제로는 겹쳐지

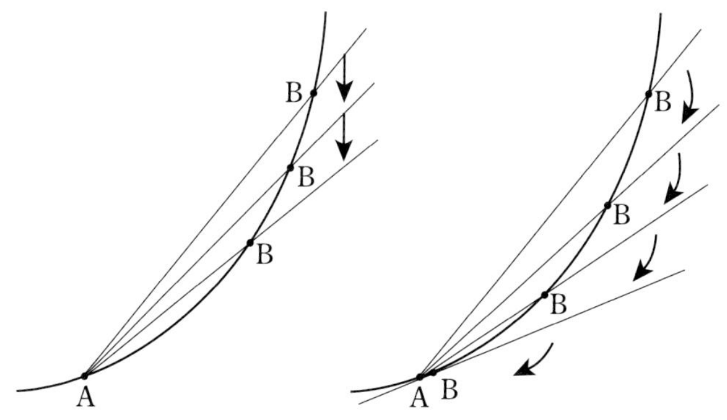

지 않지만 한없이 가까이 접근시켜감으로써 '이 두 점이 겹쳐져 있다'고 여기는 거예요. 두 점이 거의 겹쳐서 점이 하나가 된 것처럼 보인다고 생각됐을 경우, 한 점을 지나가는 직선의 기울기가 곡선의 그 부분에 있어서의 기울기가 되는 거죠."

"그렇구나. 그거, 99.999…%이니까 거의 100%라고 하는 거랑 같은 개념이지?"

"단순하게 말하자면 그렇죠. 한없이 0에 가까이 접근시켜 갈 경우의 0처럼, 한없이 가까이 접근시켜 가는 곳의 값을 '극한값'이라고 해요. 이 경우의 극한값이란 A점에 B점을 한없이 가까이 접근시켰을 때의 기울기를 말하죠."

"그렇구나. 100%가 아니니까 안 되나 했는데, 극한까지 겹쳐서 한없이 99.999…%면 100%와 마찬가지라는 건 이렇게 움직여 보니 이해가 잘 된다. 이걸 발견한 사람 천재 아니야?"

"천재죠! 그 천재기 누구라고 생각해요?"

"응? 사토미?"

"말도 안 돼. 송구스럽게!"

사토미는 손과 목을 파닥파닥 저었다.

"미카미 군도 잘 아는 사람, 뉴턴과 라이프니츠예요."

"그 두 사람이 그런 걸 발견했던 거야?"

헉. 그저께 나, 그 두 사람을 '아무개 씨'라고 불렀는데.

"미카미 군이 좋아하는 '무한'의 개념을 이론으로 정리한 사람들이죠."

사토미가 싱긋 웃었다. 아, 들켰나 보다.

"뭐! 좋잖아, 무한. 좀 멋있는 것 같고."

"좋죠."

사토미는 쿡쿡 웃는다.

"극한값이라는 생각을 이론화하다니, 저도 이 두 사람은 정말 천재라고 생각해요."

곡선의 기울기는 접선의 기울기

"'곡선상의 점 A의 기울기를 구하려면 또 하나의 점 B를 한없이 점 A에 가까이 접근시켜야 한다.' 이것까지는 이해가 되죠?"

"응. 실제로는 겹치지 않지만 거의 겹쳐져 있다……고 가정한 점을 지나가는 직선의 기울기가 곡선의 그 부분의 기울기가 된다. 이거 맞지?"

"예."

오오, 나 제법인 것 같아.

"그 곡선 상의 한 점을 지나가는 직선을 '접선'이라고 해요. 곡선과 접선이 접해 있는 점을 '접점'이라고 하고요."

"곡선 상의 한 점의 기울기를 구하려면 그 한 점과 접하는 접선의 기울기를 구하면 된다는 거죠. 이 접선의 기울기를 구하는 게 바로 미분하는 거예요."

"뭔가 갑자기 너무 간단해진 것처럼 느껴진다. 이거랑 비슷한 거 중학교 때 봤어."

"원의 접선 같은 건가요. 이차함수에서도 이용해요."

"접선은 일차함수 그래프니까 기울기를 구하면…… 아, 이거 혹시."

"네, 미분이에요!"

"짱이다! 이제 알 것 같아……."

그래, 알았다. 거짓말이 아니다.

아까 중간에 건너뛰려고 했을 때 사토미가 왜 화를 냈는지 알겠다.

이 흐름을 확실히 밟아서 순서대로 생각하면 미분이란 게 어떤 것인지 확실히 머리로 이해할 수 있게 되는 거구나. 벼락치기 공식에 의지하지 않아서 다행이다. 큰일 날

뻔 했네, 진짜.

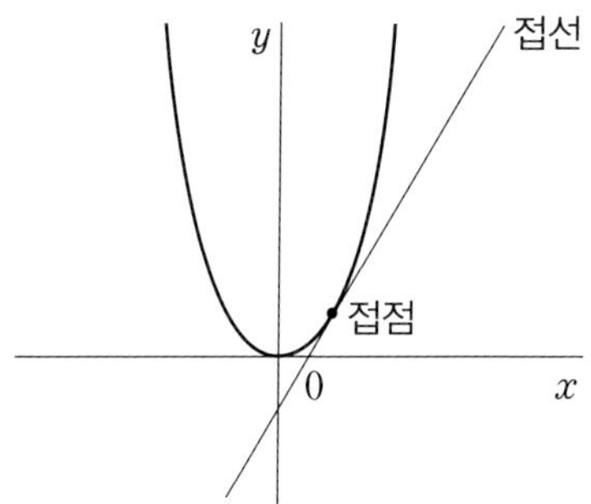

이차함수 그래프의 접점

"고마워."

문득 아무 생각도 없이 나는 그렇게 고맙다는 인사를
했다.

"뭐, 뭐가요?"

사토미는 내 느닷없는 말에 놀란 모양이다.

그럴 만도 하지. 주어도 없고.

"아니, 아무 것도 아니야."

나는 헤헤헤 하고 웃었다.

사토미의 노트

"여기."

사토미가 나에게 노트 몇 권을 건네며 말했다.

"여기 메모지 붙여놓은 부분을 내일까지 읽어오세요."

"좋아, 알았어."

그때 나는 조금 이상한 걸 느꼈다.

어? 지금까지 사토미가 가져왔던 건 다 참고서였잖아. 그런데 이건 노트네. 그럼 이건 사토미의 노트?

그런 사소한 의문을 곧이곧대로 물어보는 것도 왠지 좀 그래서 덕지덕지 메모지가 붙은 노트를 오늘은 그냥 얌전히 빌리기로 했다.

어허 이 사람이, 내가 여학생한테 빌린 노트만 보고도 욕정을 느낄 정도로 변태는 아니거든?

이 도서실은 정말이지 석양이 눈부시다. 오늘도 저녁놀이 거리를 붉게 물들이고 있다. 햇빛에 바래지 않도록 신경 써서 진열된 책들도 이 순간만큼은 새빨갛게 물들어 있었다.

"와, 시간이 벌써 이렇게 됐나. 자…… 어? 사토미는 안 가게?"

"예. 아직 조금 더 할 게 있어서……."

사토미는 완전히 스위치 오프 모드가 되어 있었다. 작은 목소리로 카운터 안에서 수줍은 듯 몸을 배배 꼬고 있다.

"그래. 그럼 내일 보자."

"아, 에, 예!"

대답을 한 사토미의 얼굴에 웃음꽃이 활짝 피어 있었다.

또 내일이 있다. 그게 나도 조금 기쁘다. 정확히 말하면 내일을 기대하게 만들어주는 사토미가 있다는 것이 기뻤다.

그나저나 사토미는 수학을 정말 좋아하는구나. 아무리 좋아하는 거라도, 나 같으면 날마다 이렇게 남을 가르치진 못할 텐데.

밤. 나는 책상 앞에서 고민하고 있었다.

여학생의 노트……. 마치 금단의 문을 여는 느낌이다. 아, 심호흡 좀 하고.

여, 열 거다, 연다!

홱!

노트에는 사토미가 필기한 수학공식들과 그래프들이 넘쳐나고 있었다.

우와, 누, 눈부셔……!

정말이지 사토미의 글씨는 여학생 오브 여학생 느낌이란

말이지. 물론 그보다는 수학공식에 애정이 담겨 있다는 느낌이 더 강하게 풍겨 나오지만.

메모지는 주로 포물선이 그려진 페이지에 붙어 있다.

펼쳐 보니 '포물선에는 이런 것들이 있다.'는 정도의 내용이라 일순간 긴장이 풀렸다. 사토미 성격에 '이거 전부 외워 오세요!' 하고 말했을 가능성도 다분한데 말이다.

그나저나 가만 보니 포물선이란 거 말이야, 야하지 않아? 아무리 봐도 여성의……그것 같잖아.

흠. 학생주임 선생님은 이 정도 될 것 같지만 사토미는 …… 이 그래프 정도? 아니, 이 정도인가…….

* * *

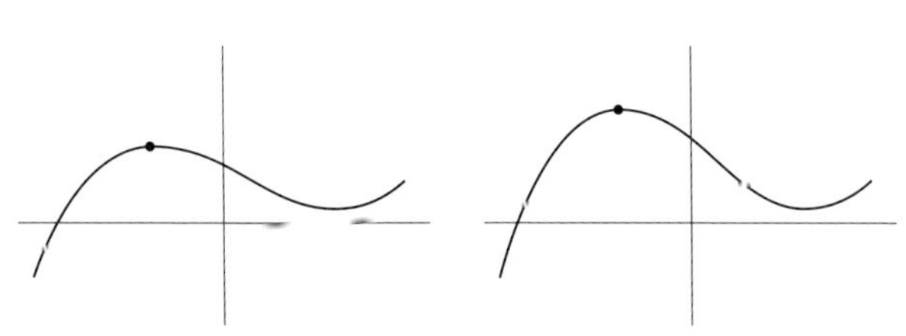

노트를 펼쳐놓은 채 졸고 있던 내 얼굴은 아마도, 남들에게는 절대 보여줄 수 없는 몰골이었을 것이다.

1. 직선의 기울기란?

- 직선상의 두 점을 알면 기울기를 알 수 있다.

- 직선상의 두 점의 좌표가 $A(x, y) = (a, b)$, $B(x, y) = (c, d)$일 때,

$$\text{일차함수(직선의 기울기)} = \frac{y\text{값의 증가량}}{x\text{값의 증가량}} = \frac{y\text{좌표의 차}}{x\text{좌표의 차}} = \frac{d-b}{c-a}$$

그래프로 나타내면,

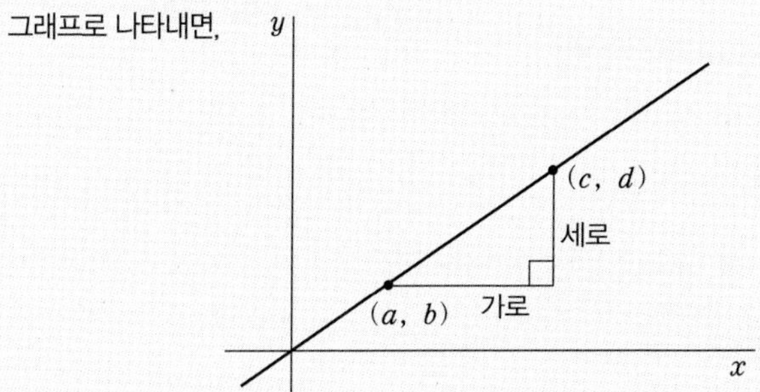

참고로 $y = 2x$인 그래프의 경우 $(x, y) = (1, 2)$와 $(x, y) = (2, 4)$인 좌표를 지나가기 때문에 기울기는 다음과 같은 계산으로 구할 수 있다.

세로 길이의 차 $= y$좌표의 차 $= 4 - 2 = 2$,

가로 길이의 차 $= x$좌표의 차 $= 2 - 1 = 1$,

따라서, 기울기 $= 2 \div 1 = 2$

또, $y = -3x + 1$인 그래프의 경우 $(x, y) = (0, 1)$과 $(x, y) = (1, -2)$인 좌표를 지나가기 때문에 기울기는 다음과 같다.

$$\text{기울기} = \frac{\text{세로 길이의 차}}{\text{가로 길이의 차}} = \frac{y\text{좌표의 차}}{x\text{좌표의 차}} = \frac{-2-1}{1-0} = \frac{-3}{1} = -3$$

이처럼 기울기가 음수일 경우 그래프는 오른쪽 아래로 향한다.

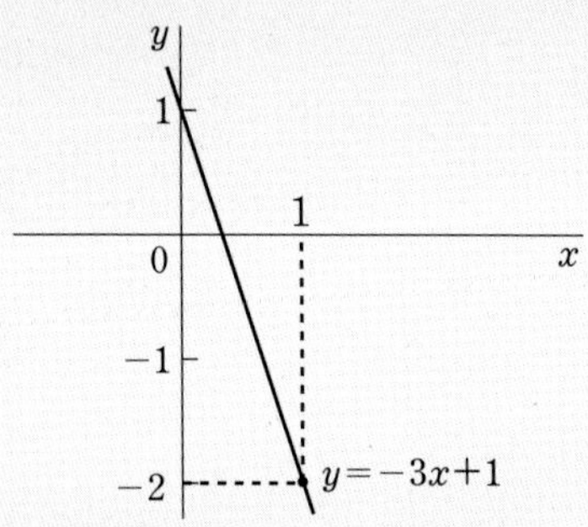

2. 일차함수의 기울기는 x의 계수

● 일차함수의 일반식 $y=ax+b\,(a\neq0)$의 기울기는 'a'이다. 다시 말해서, x 앞에 오는 숫자가 '계수'이며, 그것이 그대로 일차함수의 기울기가 된다.

일차함수의 식   계수

$y=ax+b\,(a\neq0)\;\rightarrow\;$ 기울기$=a$

$y=-2x+3\;\;\;\;\rightarrow\;$ 기울기$=-2$

$y-3x+5\;\;\;\;\rightarrow\;$ 기울기$=3$

예를 들어 $y=-2x+3$이라면 기울기는 '-2', $y=3x+5$라면 기울기는 '3'이다.

기울기>0이면 그래프는 오른쪽 위로 향하고, 기울기<0이면 오른쪽 아래로 향한다

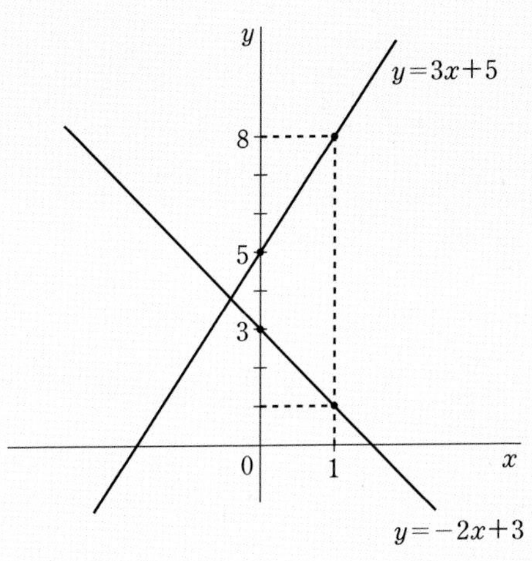

- 이처럼 일차함수의 기울기는 일일이 계산할 필요는 없다.
- 단, 이것은 일차함수에만 해당되는 일이다.

3. 직선과 곡선의 기울기의 차이점

직선의 기울기 (일차함수의 기울기)	어디든 같은 기울기 기울기 구하기가 간단하다.
곡선의 기울기 (이차함수 등)	기울기는 위치에 따라 다르다. 기울기를 구하기 위해서는 미분이 필요하다.

4. 곡선의 기울기

●점 B를 점 A에 가까이 접근시켜 가면 점 AB를 이은 직선 사이의 간격은 점점 짧아진다.

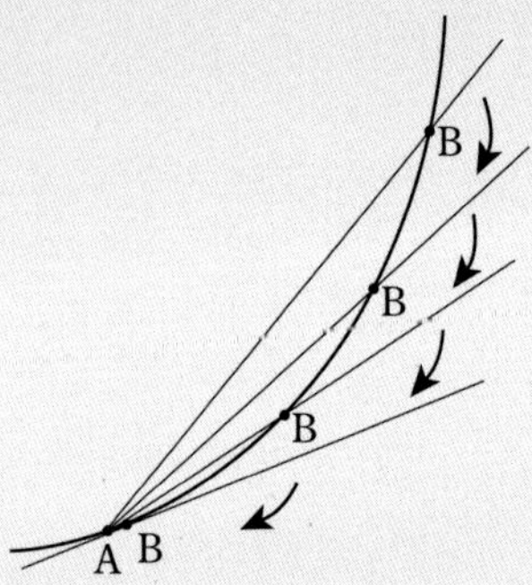

두 개의 점이 거의 하나로 포개졌다고 생각되는 그래프는 아래와 같다.

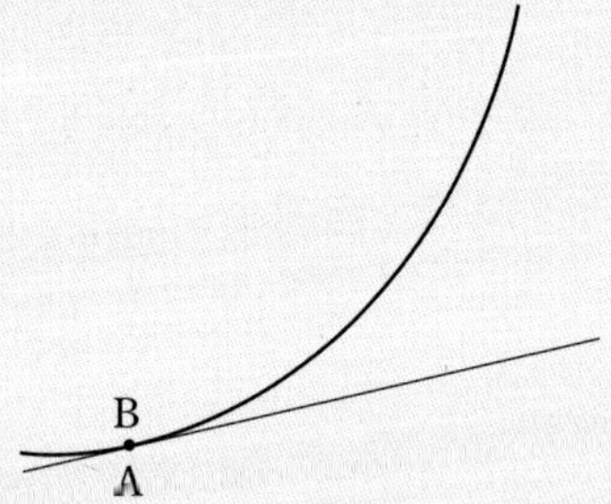

이 한 점을 지나가는 직선(접선)의 기울기가 곡선의 그 구간의 기울기가 된다.

5. 곡선과 접선

●접선이란 곡선과 단 한 점(접점)만으로 접해 있는 직선을 말한다.

- 미분한다는 것은 접선의 기울기를 구하는 것이다.

6. 극한값이란?

- 어떤 값에 한없이 가까이 접근시켜 갔을 때, 그 앞에 있는 값을 '극값'이라고 한다. 바꿔 말하면 '극값'이란 어떤 값에 무한히 가까이 접근시켜 가는 것이기도 하다.

알아두기!

뉴턴과 라이프니츠

- **아이작 뉴턴**(Issac Newton, 1642−1727)

   만유인력을 발견한 영국의 천재과학자. 미분적분법의 발견자이기도 하다. 수학뿐 아니라 물리학, 천문학 등에서도 커다란 업적을 남겼다. 이러한 뉴턴의 업적은 1687년에 나온 그의 저서 『자연철학의 수학적 원리』에 정리되어 있다.

- **고트프리트 빌헬름 라이프니츠**

   (Gottfried.w. Leibniz, 1646−1716)

   독일의 수학자이자 철학자로 뉴턴과 같은 시기에 독자적으로 미분적분법을 발견했다. 수학 외 법학, 역사학, 신학 등에서도 업적을 남긴 천재다. 훗날 정치가, 외교관으로도 활동했다.

미분해 보자

4일째
(목요일)

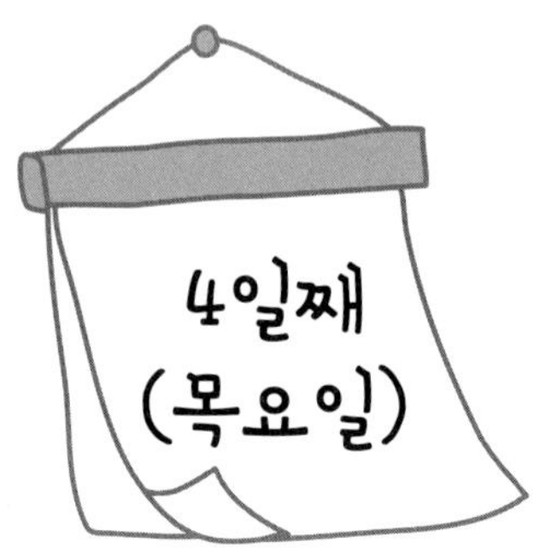

왜 미분이 필요한가?

아침.

방에서 등교준비를 마친 나는 책상 위에 올려뒀던 사토미의 노트를 조심스럽게 쇼핑백에 넣은 다음 가방에 넣었다. 하하, 쇼핑백은 어울리지도 않게 명품 브랜드라네!

오늘도 방과 후가 기대된다.

방과 후. 도서실 문을 열자 만반의 준비를 갖춘 사토미가 기다리고 있었다.

허허. 오늘은 댓바람부터 수학 폭주 모드인가?

“안녕하세요, 미카미 군. 왜 그렇게 주춤거리고 있어요?”

“아니…… 아무 것도 아니야.”

“재시험까지 앞으로 5일 남았어요. 오늘은 좀 속도를 올릴 건데 괜찮겠어요?”

그렇구나, 5일 남았구나. 아무리 그래도 그렇지, 오늘 사토미 힘이 너무 들어간 거 아니야?

“드디어 오늘부터 본격적으로 미분을 계산하게 됐어요!”

사토미는 웃으며 샤프펜슬을 뱅그르르 돌리더니 쑥 들이밀었다.

“아무쪼록 살살 다뤄주시길 부탁드립니다…….”

공손한 말투로 장난을 쳤더니 사토미는 쿡쿡 웃으며 짓궂게 “글쎄 어떨지?” 하고 되받아친다.

은근히 즐기고 있는 것 같다?

“그나저나,”

하며 숨을 한 번 내쉬고는 말을 이어가는 사토미.

“미분에는 크게 두 가지 목적이 있어요. 하나는 ‘그래프의 어느 순간의 기울기를 구하는 것’. 또 하나는 ‘그래프를 만드는 것’. 미분을 이용하면 복잡한 함수가 어떤 그래프가 될지도 알 수 있어요.”

“그래프를 만들어? 그거 순서가 뒤바뀐 거 아니야?”

“지금까지는 어떤 그래프인지 알아보는 것만을 주로 생각해 왔죠. 하지만 모르는 것을 그래프로 만들 수 있으면 그 기울기에서 변화의 모습을 보기도 하고 미래도 예측할 수 있게 돼요.”

“이제부터는 ‘모르는 것을 알 수 있게 바꾼다’ 이건가.”

“그래요. 먼저 미분의 목적 중 하나, 그래프의 기울기를 구하는 것부터 설명할게요. 그래프의 기울기를 미분으로 구하기 위해서는 그래프를 함수 형태로 바꾼다는 이야기는 했죠? 그리고 그 함수를 미분하면 ‘도함수’라는 또 다른 함수가 돼요.”

사토미는 내가 건네준 노트를 펼치더니 ‘도함수’라고 적힌 글을 손가락으로 짚었다.

“도함수란 ‘원래의 함수를 미분해서 새로 유도한 함수’란 뜻이고요.”

흐흠,

“그러니까, 도함수를 구하면 그래프 어느 구간의 기울기든 바로 알 수 있어요.”

“어렴풋하긴 하지만 대충 그림이 그려져. 그래서 미분으로 그래프를 만든다는 건?”

"그럼 미카미 군, '$y=5x^3+2x^2-3x+1$'을 그래프로 나타낼 수 있겠어요?"

"갑자기 너무 수준 높은 걸 물어보네. 어떤 형태가 될지 감조차……."

"그래요. 그래프는 쉽게 그릴 수 있을 것 같이 보여도 막상 해보면 그렇지도 않아요. 하지만 미분을 이용하면 컴퓨터 같은 걸 쓰지 않아도 대충 어떤 그래프가 될지 알 수 있어요."

"대단하다……."

이게 내 솔직한 소감이었다.

"여기서 잠깐 복습!"

사토미는 텔레비전 퀴즈 프로그램의 진행자 같은 말투로 나에게 문제를 냈다.

"어떤 함수를 미분한 도함수는 원래 함수의 뭐였죠?"

"저기 잠깐만, 지금 생각 중이야. 도함수는 원래 함수의 …… 그래프 접선의 기울기인가. 맞아?"

"정답입니다!"

"그럼, 함수를 미분해서 도함수를 알게 되면 원래 함수의 선그래프가 어떤 형태였는지도 알 수 있다는 거야?"

“예. 그리고 함수를 선그래프로 나타낼 수 있으면, 그것을 토대로 다양한 분석도 할 수 있게 돼요!”

우쭐한 얼굴의 사토미는 또 손가락으로 샤프펜슬을 돌리더니 노트에 다음 내용을 더 써넣었다.

함수 → 미분한다 → 기울기를 구한다 ＝ 도함수를 구한다

“진짜 중요한 거라서 초록색으로 썼어요!”

생글생글 웃는 사토미의 얼굴에 살짝 설레긴 했는데, 그나저나 왜 초록색?

사토미의 센스는 아직도 잘 파악이 안 되지만, 뭐 무슨 상관이랴.

여고생이란 신기한 존재야.

“$y = f(x)$의 도함수는 원래 함수와 구별하기 위해 y'(와이 프라임) 혹은 $y = f'(x)$(와이는 에프 프라임 엑스)로 표시해요.”

“‘프라임’을 붙여서 구별하는구나.”

“참고로 도함수의 표시방법에는 또 한 가지, $\dfrac{dy}{dx}$(디와이 디엑스)라든가 $\dfrac{d}{dx}f(x)$라는 기호를 사용하는 경우도 있어요.”

그렇게 말하더니 사토미는 분홍색 클리어파일에서 프린

트를 꺼냈다. 프린트에는 미분을 이용한 분석방법 일람이
정리되어 있었다.

<미분을 이용한 분석방법 (그래프의 기울기를 구해서 분석)>

[수 식 화] 어떤 일의 변화를 나타낸 그래프를 함수로 바꾼다.

[미　　분] 함수를 미분해서 도함수로 바꾼다.

[분　　석] 기울기를 알 수 있기 때문에 변화의 경향이나 미래예측 등이 가능해진다.

<미분을 이용한 분석방법 (함수를 그래프화해서 분석)>

[수 식 화] 어떤 일의 변화를 나타낸 수치 데이터를 함수로 바꾼다.

[미　　분] 함수를 미분해서 도함수로 바꾼다.

[그래프화] 도함수를 토대로 분석하고 싶은 일의 변화를 그래프화한다.

[분　　석] 변화의 경향이나 미래예측 등을 한다.

"이게 아까 말한 그거네. 다시 말해서 미분해서 도함수를 구하면 미래를 안다, 이거지?"

"거기까지는 호들갑일 수도 있지만 그렇게 되죠. 예측이

가능해져요.”

“대단하다. 미분만 있으면 우리의 미래가 무한대가 되는 거네.”

“미카미 군은 정말로 ‘무한’을 좋아하네요.”

사토미는 쿡쿡 웃는다.

뭐, 어때서. 무한과 스릴이야말로 남자의 로망!

도함수를 구하는 법

“간단히 도함수를 구할 수 있는 공식이 있다는 거 아세요?”

“아니. 그래?”

“그럼 원래 함수와 도함수 사이에 어떤 법칙이 있는지 찾아보세요.”

사토미는 장난스럽게 웃더니 샤프를 들고 프린트에 뭔가를 적기 시작했다,

이차함수 $y=x^2$을 미분하면 도함수는 $y'=2x$

삼차함수 $y=x^3$을 미분하면 도함수는 $y'=3x^2$

사차함수 $y=x^4$을 미분하면 도함수는 $y'=4x^3$

오차함수 $y=x^5$을 미분하면 도함수는 $y'=5x^4$

"어때요?"

"흐흠, 이건 나도 알겠다."

나는 자랑스럽게 말했다.

"몇 승인가 하는 숫자(지수)가 앞에 오고 동시에 1씩 줄어드네?"

"정답입니다!"

"뭔가 김빠질 정도로 간단한데."

"그럼 응용문제를 풀어볼까요."

$$y=3x^2$$

"이걸 미분하면 어떻게 되죠?"

"음. 지수가 x 앞에 오고 곱하던가……?

$y'=(3\times2)x\ =6x$."

"딩동댕!"

사토미의 목소리가 밝아졌다.

"이 경우는, 지수와 x의 앞에 있는 계수를 곱한 게 돼요. $y=6x^2+5$를 미분하면 $y'=(6\times2)x=12x$가 되고, 뒤의 '5'는 사라져요."

“오호. x가 붙어 있지 않은 숫자는 지워버리면 되는 거네?”

“기울기니까요. $y=3x+2$의 기울기가 ‘3’인 것과 마찬가지예요.”

흠흠. 일차함수의 직선과 기본은 똑같구나. 알겠다, 알겠어.

이 정도면 따라갈 수 있겠다.

$$y=3x^2\text{을 미분하면} \rightarrow y'=(3\times2)x=6x$$

$$y=6x^2+5\text{를 미분하면} \rightarrow y'=(6\times2)x=12x$$

※ 뒤에 붙은 상수 5는 없어진다.

$$y=5x^2+7x+1\text{을 미분하면} \rightarrow y'=(5\times2)x+7$$
$$=10x+7$$

※ $5x^2$과 $7x$를 각각 미분하면 된다.

[기본적인 미분공식]

① $y=ax+b \rightarrow y'=a$　㉖ $y-2x+5 \rightarrow y'=2$

② $y=x^n \rightarrow y'=nx^{n-1}$　㉖ $y=x^3 \rightarrow y'=3x^2$

③ $y=ax^n \rightarrow y'=(a\times n)x^{n-1}$

　　㉖ $y=5x^2 \rightarrow y'=10x$

④ $y=ax^2+bx+c \rightarrow y'=2ax+b$

$$\text{㉖} \quad y = 2x^3 + x^2 + 7x + 5 \ \rightarrow \ y' = 6x^2 + 2x + 7$$

"그럼 연습문제입니다."

그렇게 말하더니 사토미는 좀 전의 그 클리어파일에서 직접 작성한 문제용지를 꺼냈다.

혹시 날 위해서 만든 건가? 우와, 진짜 감동이다!

감동하고 있는 나에게 "얼른 푸세요!" 하며 질타와 격려로 재촉하는 사토미.

이건 열심히 할 수밖에 없다!

어이 거기, 잘 지켜보라고.

[연습문제]

도함수를 구하시오.

1. $y = 7x$ 2. $y = x + 5$

3. $y = 8x^2 + 10x$ 4. $y = 6x^2 - 2x + 9$

5. $y = 5x^3 + 6x^2 - 3x + 8$

[답]

1. $y' = 7$ 2. $y' = 1$

3. $y' = 16x + 10$ 4. $y' = 12x - 2$

5. $y' = 15x^2 + 12x - 3$

그래프의 형태를 예측해보자

"그럼, 도함수에서 선 그래프의 형태를 예상해보기로 하죠. 이때 핵심은 바로 이거예요."

사토미가 펼친 노트에는 초록색으로 이렇게 적혀 있었다.

도함수가 양수 → 선 그래프의 기울기도 양수(오른쪽 위로 향한다)

도함수가 0 → 선 그래프의 기울기도 0(그래프의 정상이나 맨 밑바닥이 되는 경우가 많다)

도함수가 음수 → 선 그래프의 기울기도 음수(오른쪽 아래로 향한다)

"$y=x^2+1$이 어떤 형태가 되는지 도함수를 통해 예측해보죠. 먼저 미분해서 도함수를 구해보세요."

"$y=x^2+1$을 미분하면 도함수는 … $y'=2x$야."

"예. 그럼 그 도함수를 토대로 그래프의 형태를 예측해 볼게요. 그러기 위해서는 '증감표'라는 표를 작성해야 해요."

"증감표?"

"예. 핵심은, 도함수의 값이 0인 지점의 x의 값을 찾는 거예요. 도함수 $y'=2x$의 $y'=0$이 되는 x는 '0'이에요. 다음으로 도함수가 0이 되는 x의 좌우 값이 양수인지 음수인지가 중요해요. 그래서 도함수 $y'=2x$의 x에 -1과 1을 대입한 표를 만들죠."

x	-1	0	1
y'	-2	0	2
y		1	

$\leftarrow y'=2x$의 x에 -1, 0, 1을 대입
$\leftarrow y=x^2+1$의 x에 0을 대입

"이 표를 토대로 증감표를 작성하면 다음과 같아요. 도함수가 양수인지 음수인지를 표에 넣고 그 형태를 화살표로 표시하는 거죠."

x		0	
y'	$-$	0	$+$
y	$\searrow$	1	$\nearrow$

"$x=0$일 때, 도함수 $y'=0$이고, 이것을 경계로 왼쪽이 음수, 오른쪽이 양수의 기울기가 된다는 뜻이야?"

"예. 이 그림처럼 $x=0$일 때 $y=1$이고 도함수가 $y'=0$이 되니까 여기가 그래프의 바닥이 되고, 아래쪽으로 볼록한 형태를 한 그래프가 되요."

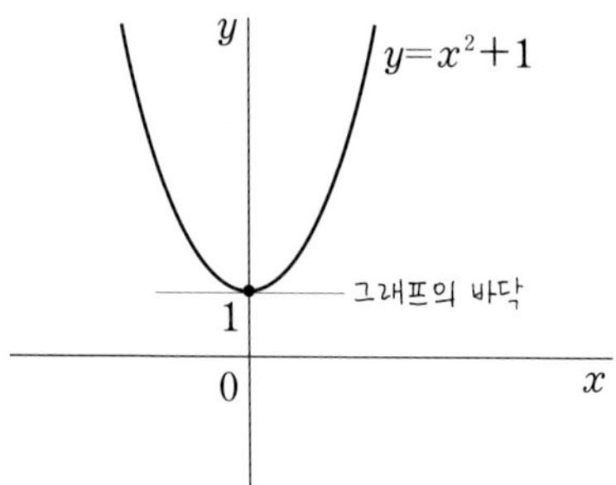

사토미의 가느다란 손가락이 샤프를 매끄럽게 움직여 그래프를 그린다.

아, 이 형태. 어젯밤에 망상하던 고문 선생님 급의…….

"젖가슴."

으악!

이 대체 왜 소리 내서 말한 거야, 일생일대의 실수다. 시간을 되돌릴 수만 있다면 입을 떼기 전의 나에게 돌려차기를 날리고 싶다!

사토미의 얼굴이 금세 벌겋게 날아오른다. 미안해.

"바, 방금…… 저, 젖가슴이라고 말한 거 맞죠?"

목소리가 워낙 작아서 정작 중요한 단어는 잘 들리지 않았지만 틀림없이 '젖가슴'이라고 말한 것 같은데?

사토미는 고개를 숙이고 창피한 듯 우물쭈물 하고 있다.

126

큰일 났다. 여학생 입에서 '가슴'이라는 단어가 나오는 걸 들으니 왠지 흥분이…… 아 이 변태같은 자식아 지금 그게 아니잖아!

"아니, 그게…… 나도 모르게…… ."

나는 횡설수설한다.

"이차함수의 그래프를 보면서 젖가슴을 상상하다니 변태 같아요…… ."

사토미는 지금 반은 스위치 온, 반은 스위치 오프인 카오스 상태이다. 하지만 안타깝게(뭐가?)도 더는 '젖가슴'이라고 말해주지 않았다.

하필 꼭 이런 때면 사건이 일어난단 말이지. 하느님 진짜 너무 한가하신 거 아니야? 필요 없거든요, 그런 거.

귀까지 새빨개진 사토미가 나에게서 시선을 돌린 채 양팔로 자신의 가슴에 보호막을 친다.

뜨헉!

"미카미 군, 그런 식으로 보고 있었던 거예요?"

퍽퍽퍽!!! 으아, 나 죽겠다.

"아니야, 아니야. 사토미의 젖가…… 아니, 너를 그런 눈으로 보다니!"

필사적으로 변명을 하긴 했지만 저 애 머릿속의 내 신뢰도는 뚝 떨어진 눈치다.

"난…… 진지하게 수학을 공부하러 여기 온 거야. 진짜라니까!"

"하지만 좀 전에 가슴…… 이라고…….”

"그(……)게 좀 뭐라고 해야 하나, 고문 선생님이면 이 정도 되려나, 사토미는 이렇게 좀 더 판판하려나, 뭐 그렇게.”

그런 핑계를 둘러대다 나는 또 한 번 말실수를 했음을 깨달았다. 포물선을 연상시키는 손짓도 긁어 부스럼이었다.

짝!

사토미의 손바닥이 내 뺨에 날아왔다.

따귀를 맞으면 눈앞이 새하얘진다더니 진짜네.

이게 미분에서 말하는 '순간'인가…….

'예'와 '아니오'의 선택지

사토미는 그대로 '드르륵, 쾅!' 하는 소리를 내며 도서실에서 나가 버렸다.

당황한 내가 바로 쫓아가야지 싶어서 일어서려는데, 미처 일어서기도 전에 사토미가 다시 '드르륵, 쾅!' 하는 소리를 내며 도서실로 들어왔다.

"엥?"

"거, 거기에 연습문제 놔뒀으니까 얼른 풀어요!"

사토미의 수학 스위치는 아무래도 세상의 모든 것을 초월하는 모양이다.

가공할 만한…… 지금 그게 중요하냐!

나는 사토미의 스위치에 고마워하며 "예!" 하고 짧지만 힘차게 답한 다음 프린트의 연습문제에 달려들었다.

[연습문제] $y = x^2 + 4x$의 그래프 형태를 예측해 보시오.

[풀이]

1. 원래의 함수를 미분해서 도함수 y'를 구한다.

   $y = x^2 + 4x \to$ 미분 $\to$ 도함수는 '$y' = 2x + 4$'

2. 도함수 $y' = 0$이 되는 x의 값을 구한다.

   $y' = 2x + 4$에서 $2x + 4 = 0$이 되는 $x = -2$

3. $y' = 0$이 되는 $x = -2$를 중심으로 한 좌우 값을 구한다.

   $y' = 2x + 4$에서, $x = -3$일 때 $y' = -2$, $x = -1$일 때 $y' = 2$

4. 이상의 결과를 토대로 증감표를 작성한다.

   $y = x^2 + 4x$의 증감표

x	-3	-2	-1
y'	-2	0	2
y		-4	

   $\leftarrow y' = 2x + 4$의 x자리에 -3, -2, -1을 대입

   $\leftarrow y = x^2 + 4x$의 x자리에 -2를 대입

5. 증감표를 토대로 그래프의 형태를 예측한다.

   증감표를 토대루 한 그래프의 형태

x		-2	
y'	$-$	0	$+$
y	$\searrow$	-4	$\nearrow$

6. 필요에 따라 그래프와 x축이
나 y축과의 교차점을 좌표로
구한다.

$y=x^2+4x=x(x+4)$에서,
$x=0$ 혹은 -4일 때 $y=0$

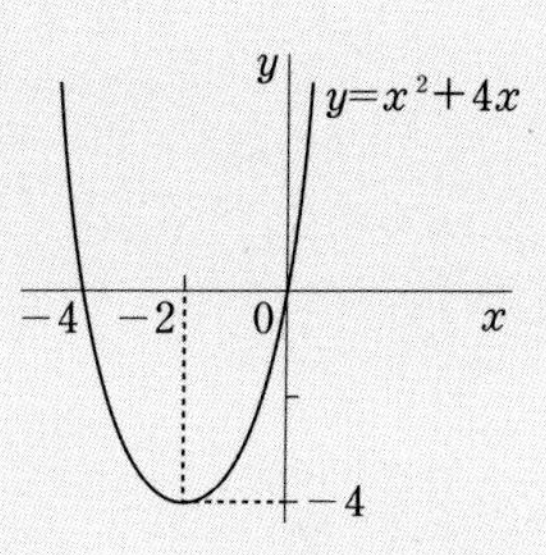

7. 이상의 결과를 토대로 그래
프를 작성한다.

"자…… 맞게 푼, 건가?"

나는 사토미의 낯빛을 살피며 슬그머니 풀이를 내밀었다.

연습문제를 푸는 동안의 침묵이 얼마나 어색하던지.

사토미는 내 풀이를 쭉 확인하더니 답안지 위쪽에 작게
동그라미를 하나 그려줬다.

"예, 참 잘했습니다."

"저기…… 아까는 미안해요."

사토미는 평소 모드로 돌아가 있다. 모기 우는 소리로
미안하다고 말한다.

"사토미가 뭘 잘못했다고 그래. 나야말로 세심하지 못했다고 해야 하나…….”

　머리를 북북 긁으며 싹싹 빌었지만 아직도 사토미는 나와 눈을 맞추려 하지 않는다. 방금 동그라미를 그려준 빨간 펜을 조몰락조몰락 만지며 우물쭈물 하고 있다. 그러다,

　“하나 물어봐도 돼요?”

　하고 말하더니 생각지도 못한 질문을 던졌다.

　“역시…… 남자늘은, 큰 사람을 좋아…… 하나요?”

　나는 ‘뭐가?’ 하고 되물을 뻔했지만 이번만큼은 물론 회피했다.

　여전히 작은 목소리로 사토미는 말을 잇는다.

　“뭐라고 해야 하나…… 저……. 반에서도 남학생들하고는 대화도 거의 안 하는 데다. 잘 모르다 보니 남자들은 늘 그런 생각을 하나 싶어서…….”

　그런 질문을 면전에 대놓고 하다니……. 그런 생각을 하지 않는다면 거짓말이긴 한데, 솔직하게 대답해야 하나 머릿속에 ‘예’와 ‘아니오’의 두 가지 선택지가 떠오른다.

　어느 쪽을 선택해야 하지?

　순식간의 판단으로 ‘예’를 선택한 나는 솔직하게 대답하기로 했다.

　“대부분 다 생각하지 않을까. 그런데 다 그렇다는 건 아

니야! 귀엽거나 신경 쓰이는 애한테만 그러는 거야.”

아! 지금 내가 대체 무슨 소릴 하는 거지.

그러자 사토미는 “그렇군요.” 하고 중얼대더니 잠깐 쉬자며 도서실을 나갔다.

도함수와 그래프의 관계

15분 정도 지나 돌아온 사토미는 아무 일도 없었다는 듯 수업을 재개했다.

“미분을 통해 선 그래프의 형태를 예측할 수 있었습니다. 도함수와 선 그래프의 관계를 정리하면 대충 이래요.”

“도함수가 양수일 때 선 그래프의 기울기는 오른쪽 위를 향하고 음수일 때는 오른쪽 아래로 향하죠. 0일 때는 산꼭대기 혹은 계곡 밑바닥이 되는 경우가 대부분이에요.”

“흐흠. 양수나 음수 꼭대기가 생긴다는 뜻인가.”

“그렇죠. 산처럼 위로 불쑥 솟은 선 그래프 부분을 ‘위로 볼록’, 반대로 계곡 밑바닥처럼 아래로 쑥 꺼진 선 그래프 부분을 ‘아래로 볼록’하다고 말해요.”

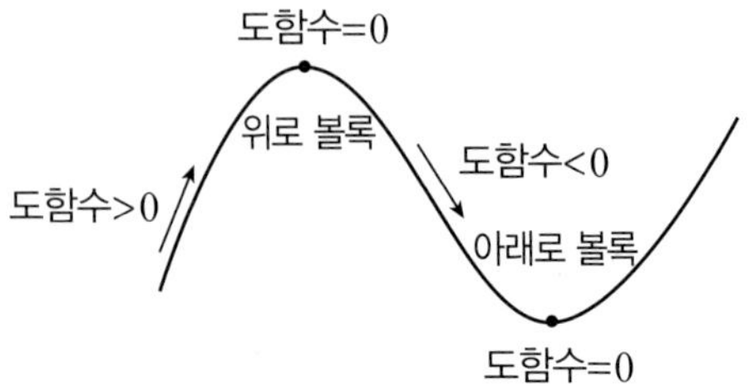

"그래프의 산봉우리나 계곡 밑바닥에 해당되는 부분을 '극값'이라고 하는데 각각 산꼭대기 부분을 '극댓값', 계곡 밑바닥 부분을 '극솟값'이라고 해요."

"극댓값, 극솟값이라, 적어야지 적어……. 이거 최댓값, 최솟값이라는 거야?"

"아니요, 달라요. 극댓값이나 극솟값이 최댓값이나 최솟값이 된다고 한정할 순 없어요. 그림처럼 극댓값이나 극솟값이 몇 개씩 존재하는 그래프도 있으니까요."

"진짜 그러네. 하나가 아니구나."

"반드시 '가장 크고' '가장 작은' 게 아니라 어디까지나 산이 꺾이는 점이라는 걸 알겠죠? 극댓값이나 극솟값의 의미는 이런 거예요."

극　값 : 그래프의 산꼭대기나 계곡 밑바닥에 해당하는 부분
극댓값 : 기울기가 양수에서 음수로 바뀌는 점
　　　　（※ 최댓값이라는 의미가 아니다）
극솟값 : 기울기가 음수에서 양수로 바뀌는 점
　　　　（※최솟값이라는 의미가 아니다）

"도함수가 0일 때는 그래프의 산꼭대기나 밑바닥이 되는 경우가 거의 대부분이지만 이런 예외도 있어요."

"$y=x^3$의 그래프는 도함수가 $y'=3x^2$이니까, $x=0$일 때 $y'=0$이 되는데, 극값은 되지 않아요. 이 $y=x^3$의 그래프처럼 그래프가 위로 볼록한 상태에서 아래로 볼록하게, 혹은 반대로 아래로 볼록하다가 위로 볼록하게 변하는 점을 '변곡점'이라고 해요."

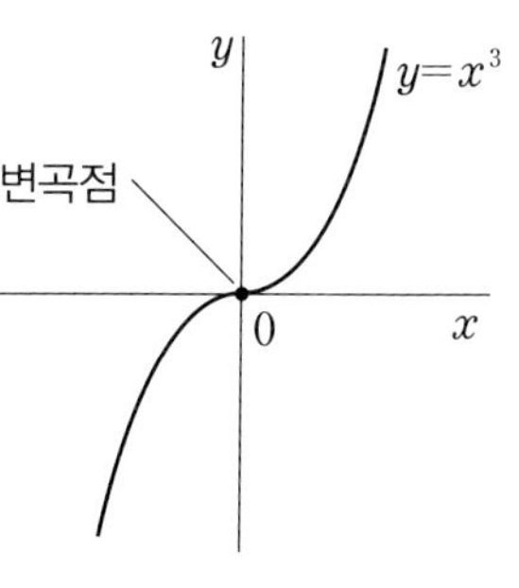

변곡점 :　그래프가 위로 볼록하다가 아래로 볼록하게,
　　　　　　혹은 반대로, 아래로 볼록하다가 위로 볼록하게
　　　　　　변하는 점.

로프로 에워싼 토지의 넓이를 최대로 하려면?

“자, 이제부터는 드디어 미분의 응용이에요.”

“으아! 나 응용문제에 엄청 약한데…….”

“괜찮아요. 차례대로 생각해 나가면 풀 수 있고, 풀었을 때의 성취감은 계산문제보다 크니까요!”

사토미가 안경 너머로 싱긋 웃는다.

“알았어. 까짓 거 한번 해보지 뭐…….”

“바로 그런 자세, 좋습니다!”

“자, 그럼. 20미터의 로프로 직사각형의 토지를 에워쌌을 때, 가장 넓은 토지로 만들려면 가로와 세로의 길이를 얼마 정도로 해야 될까요?”

“이 문제를 미분으로 풀 수 있다고?”

“전형적인 미분 문제예요.”

“생각보다 간단해 보이는데. 그럼 먼저 함수를 만들면 되는 거야?”

“예. 가로 길이를 x, 넓이를 y라고 하면 어떤 식이 나오죠?”

“20미터의 로프로 에워싸는 거니까 직사각형의 둘레 길이는 20미터지. 그러니까 음…… 직사각형이니까, 가로 길이와 세로 길이의 합계는, 반이 10미터야.”

“예. 잘하고 있어요!”

“가로＋세로＝10이니까 가로 길이가 x라면 세로 길이는 $10-x$가 되겠네. 직사각형의 넓이는 가로×세로니까 $y=x(10-x)=10x-x^2$.”

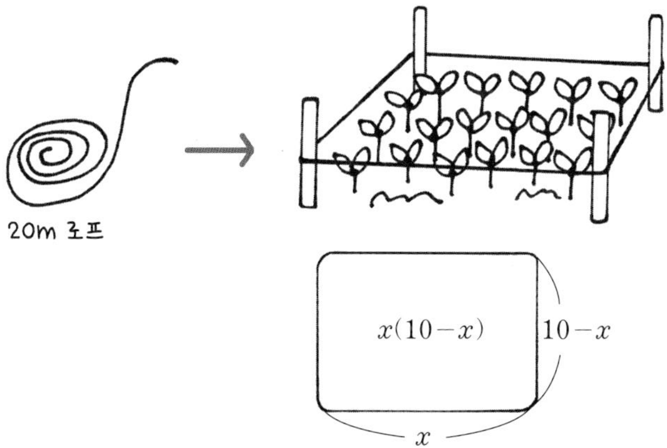

"예, 정답입니다!"

"우와. 그래서 이 함수를 미분하면 뭘 알 수 있는 거지?"

"이 함수는 넓이와 가로 길이의 관계니까, 넓이를 가장 크게 만드는 가로 길이를 구할 수가 있어요."

"그렇구나. 한 마디로 이 함수를 미분해서 그래프를 만들고 넓이 y가 가장 클 때의 가로 길이 x를 구하면 되겠네."

$$y=10x-x^2\text{을 미분하면, } y'=10-2x.$$

다음, 그래프의 형태를 예측하기 위해 증감표를 만들면 …….

$$y'=10-2x=0\text{이 되는 } x\text{의 값은 '5'}$$
$$x=4\text{일 때 } y'=2\text{이니까 기울기는 '양수'}$$
$$x=6\text{일 때 } y'=-2\text{이니까 기울기는 '음수'}$$
$$x=5\text{일 때 } y=10x-x^2=(10\times5)-(5\times5)$$
$$=50-25=25$$

표로 만들면…….

x	4	5	6
y'	2	0	-2
y		25	

증감표는…….

x	4	5	6
y'	$+$	0	$-$
y	↗	25	↘

그리고 $y=10x-x^2=x(10-x)$이니까

$x=0$일 때 $y=0$

$x=10$일 때 $y=0$

x	0	4	5	6	10
y'		$+$	0	$-$	
y	0	↗	25	↘	0

이 증감표를 토대로 그래프를
그리면…….

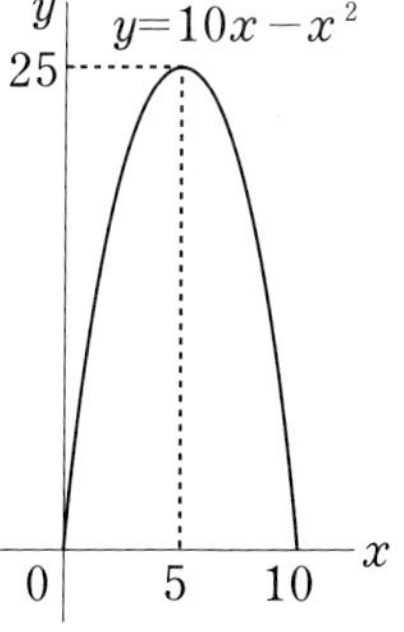

"오오, 완성했다! 그래프 만들었어!"

"그래요. 단, 이때 주의해야 할 것은 x의 범위예요."

"뭐? 이걸로 끝난 거 아니야?"

"예. 이 문제의 경우 가로＋세로＝10이기 때문에 가로 길이 x의 범위는 0보다 크고 10보다 작아져요. 이 x의 범위를 '정의역(定義域)'이라고 해요."

"정의역?"

"정의역이 0부터 10이니까 그 범위 안에서 최댓값을 구해야 되요."

"그럼 $x=5$는 정의역 범위 안이니까 괜찮다는 거네. 이때 y의 최댓값은 25이고 그때 x는 5. 그러니까, 가로가 5미터, 세로도 5미터일 때 넓이가 25제곱미터로 최대가 나와. 어때?"

"정답입니다!"

"아싸!"

풀었다. 아닌 게 아니라 이건…… 그냥 계산할 때보다 훨씬 기분이 좋다.

그 순간 나는 깨달았다. 사토미가 보고 있는 풍경이 아주 조금이지만 보이기 시작했음을.

호들갑 떤다고 비웃으려면 비웃어도 된다. 이 느낌은 나만의 것이니까.

사토미한테서 온 메일 1

"이것으로 미분은 종료입니다."

"정말? 진짜 미분 끝난 거야?"

'이해했다'는 건가. 13점을 받은 내가, 미분의 '미'자도 모르던 내가?

"얏호! 이제 적분인가!"

"미카미 군, 적분까지 내달려서 단숨에 끝내는 거예요."

"그래, 나만 믿어!"

사토미는 쿡쿡 웃었다.

"그럼, 숙제를 내줄 테니까 해오세요."

"알았어. 해올게."

건네받은 노트에는 사토미 특제의 핸드메이드 문제가 적혀 있었다.

뭐라고 해야 할까, 남자들은 여자가 직접 만들어준 도시락 좋아하잖아? 반론은 허용하지 않겠어.

어쨌거나 말이지, 난 그만큼 이 숙제가 고마웠다.

나만을 위해 직접 만들어준, 세상에 하나뿐인 숙제니까.

도서실은 오늘도 석양을 받아 새빨갛게 물들어 있다.

집에서

집에 도착했을 때 휴대전화에 메일이 도착해 있다는 것을 깨달았다. 사토미가 보낸 것이었다.

나는 서둘러 메일을 열었다.

제목은 '미안해요…….'

살짝 조마조마한 기분이 든다. 흠칫흠칫 화면을 스크롤해 내려갔더니,

> 내일 방과 후에는 도서위원 모임이 있어서 그러는데, 점심시간에 도서실로 와주시면 안 될까요?

하고 적혀 있었다.

곧바로 오케이 답신을 보냈는데, 그러고 보니 점심시간에 만나는 건 처음 아니었나?

살짝 설레는 것 같기도 하고, 뭔가가 시작될 것 같은 예감이 들었다.

이런 때의 내 예감은 꼭 맞아떨어진다니까. 진짜.

오늘도 내일이 기대된다.

[**숙제 1**] $y=x^3-3x$의 그래프 형태를 예측해 주세요.

[**숙제 2**] 그림처럼 한 변이 30cm인 정사각형의 두꺼운 종이를 이용해 네 모서리에서 같은 크기의 작은 정사각형을 오려내었을 때 가장 큰 부피의 상자를 만들려면?

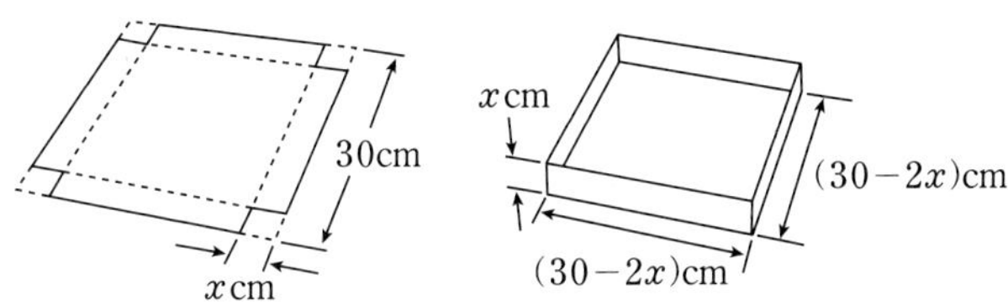

[숙제 1의 답]

1. 먼저 미분해서 도함수를 구한다.

   $y=x^3-3x$을 미분하면 $y'=3x^2-3$

2. 도함수 $y'=0$이 되는 x의 값을 구한다.

   $3x^2-3=3(x^2-1)=3(x+1)(x-1)$이니까 $x=-1,\ 1$.

3. $y'=0$이 되는 $x=-1,\ x=1$의 좌우 값을 구한다.

x	-2	-1	0	1	2
y'	9	0	-3	0	9
y		2		-2	

4. 이상의 결과를 토대로 증감표를 작성한다.

x		-1		1	
y'	$+$	0	$-$	0	$+$
y	↗	2	↘	-2	↗

5. 증감표를 토대로 그래프의 형태를 예측한다.

$(x, y)=(-1, 2)$가 극댓값 → 그래프의 곡선은 위로 볼록

$(x, y)=(1, -2)$가 극솟값 → 그래프의 곡선은 아래로 볼록

6. 필요에 따라 그래프와 x축이나 y축의 교점을 좌표로 구한다.
$x=0$일 때, $y=0$을 지나간다.

7. 이상의 결과를 토대로
그래프를 작성한다.

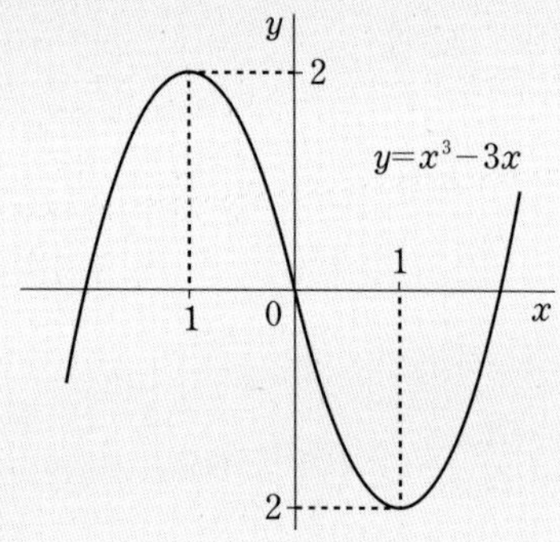

[숙제 2의 답]

1. 네 모서리에서 잘라낸 작은 정사각형의 한 변의 길이를 몇 cm로 하면 상자의 부피가 가장 클지를 구하면 된다.

2. 잘라낸 정사각형의 한 변의 길이를 x라고 했을 때 상자의 부피 y의 함수를 만든다.

3. 네 모서리에서 잘라낸 정사각형의 한 변의 길이를 x라고 하면, 두꺼운 종이 한 변이 길이기 30cm이브로,

만드는 상자의 가로세로 길이는 → $30-2x$

상자의 높이는 → x

상자의 부피 y는 → $y=x(30-2x)(30-2x)$
$=4x^3-120x^2+900x$

4. 이것을 미분하면,

$$y'=12x^2-240x+900=12(x^2-20x+75)$$
$$=12(x-5)(x-15)$$

따라서 $x=5$, 15일 때 $y'=0$.

$x=5$일 때 $y=2000$, $x=15$일 때 $y=0$

5. 증감표를 만들면,

x		5		15	
y'	+	0	−	0	+
y	↗	2000	↘	0	↗

이 경우, 두꺼운 종이의 한 변이 30cm이기 때문에 양쪽에서 잘라낸 정사각형의 한 변의 길이는 15cm보다 짧아진다. 따라서 x의 범위(정의역)은 $0<x<15$가 된다. 따라서 잘라낸 정사각형의 한 변의 길이, $x=5$cm로 하면 상자의 부피는 2000cm³으로 최대가 된다.

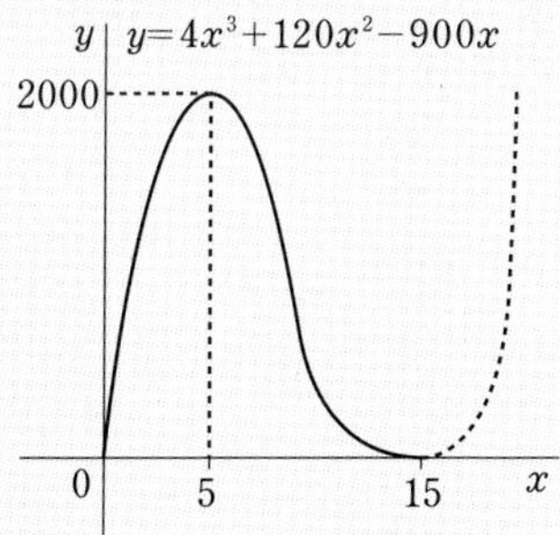

1. 미분을 사용하는 목적

그래프의 기울기를 구한다 (어떤 부분의 접선의 기울기를 구한다)

- 그래프를 만든다

2. 도함수란?

- 함수를 미분해서 끌어낸 함수

- 도함수는 선 그래프의 각 부분의 기울기를 나타내는 함수이다.

  함수 → (미분) → 도함수

  → y'(와이프라임)

  → $y = f(x)$(와이는 에프프라임엑스)

  ㉠ $y = 2x$의 도함수는 $y' = 2$ 혹은 $f'(x) = 2$

  $\dfrac{dy}{dx}$(디와이 디엑스) 혹은

  $\dfrac{d}{dx}f(x)$라는 기호를 사용하기도 한다.

3. 기본적인 미분 공식

① $y = ax + b \rightarrow y' = a$　　㉠ $y = 2x + 5 \rightarrow y' = 2$

② $y = x^n \rightarrow y' = nx^{n-1}$　　㉠ $y = x^3 \rightarrow y' = 3x^2$

③ $y = ax^n \rightarrow y' = (a \times n)x^{n-1}$　㉠ $y = 5x^2 \rightarrow y' = 10x$

④ $y = ax^2 + bx + c \rightarrow y' = 2ax + b$

　㉠ $y = 2x^3 + x^2 + 7x + 5 \rightarrow y' = 6x^2 + 2x + 7$

146

4. 도함수와 그래프의 관계

- 도함수가 0보다 크면　　　 → 그래프의 기울기는 양(오른쪽 위로 향한다)
- 도함수가 0이면　　　　　 → 그래프의 기울기는 0(극값이나 변곡점이 된다)
- 도함수가 0보다 작으면 → 그래프의 기울기는 음(오른쪽 아래로 향한다)

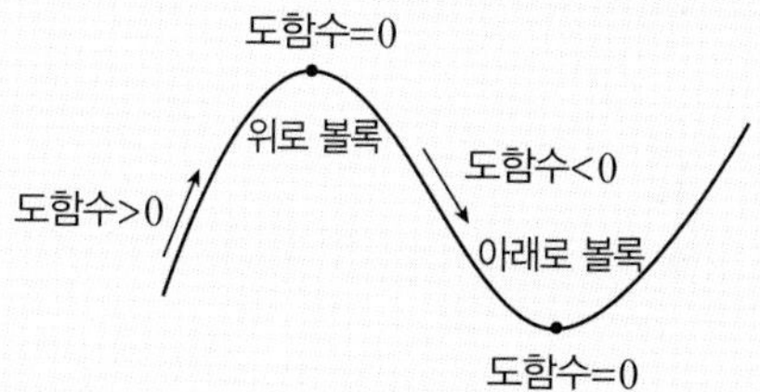

① 극값 : 그래프의 산꼭대기나 계곡 밑바닥에 해당되는 부분

② 극댓값 : 기울기가 양에서 음으로 변하는 점

　　　　(※최댓값이라는 의미가 아니다)

③ 극솟값 : 기울기가 음에서 양으로 변하는 점

　　　　(※최솟값이라는 의미가 아니다)

④ 위로 볼록 : 산처럼 위로 불쑥 솟은 부분

⑤ 아래로 볼록 : 계곡 밑바닥처럼 아래로 쑥 꺼진 부분

⑥ 변곡점 : 그래프가 위로 볼록하다가 아래로 볼록하게,

　　　혹은 반대로 아래로 볼록하다가 위로 볼록하게 변하는 점

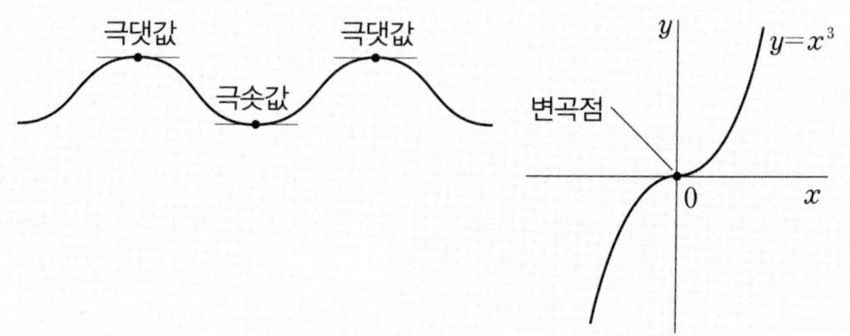

5. 그래프의 형태를 예상하는 방법

① 형태를 예상하고 싶은 그래프의 함수를 미분해서 도함수를 구한다.

② 도함수가 0이 되는 x의 값을 찾는다.

③ 도함수가 0이 되기 전후의 값을 대입해서 증감표를 작성한다.

④ 증감표를 토대로 그래프를 작성한다.

제4장

적분의 기초

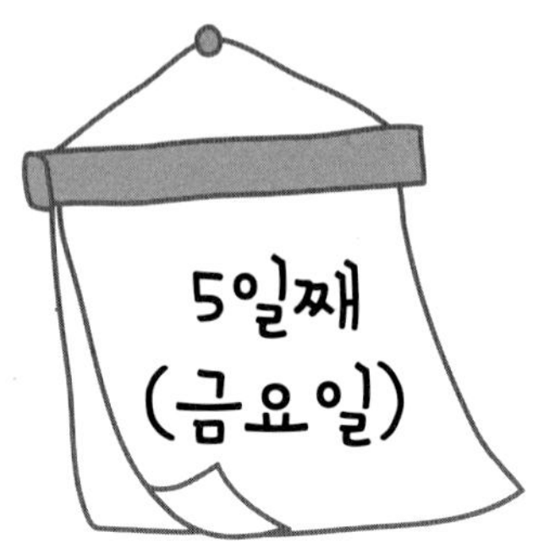

적분은 고대 이집트에서 탄생했다

점심시간.

나는 알 수 없는 기대감을 품고 달음질쳐 구관 건물의 도서실로 갔다.

복도에서 달리면 안 된다고? 오늘만 좀 봐줘.

도서실 문을 열자 사토미는 늘 앉는 책상에 앉아 빵을 먹는 참이었다.

카운터 위에는 빨대가 꽂힌 우유팩이 놓여 있다.

요리를 잘하는 사토미의 점심이 달랑 빵과 우유라는 게

왠지 이상하다.

그렇게 생각할 수밖에 없던 것이, 사토미가 점심을 간단히 해결했던 것은 나에게 적분을 가르쳐 주기 위한 준비를 하고 있었기 때문이란 것을 안 것은 한참 뒤의 일이었다.

"웁! 어뎌와야!"

급하게 말하느라 무슨 말인지 영 못 알아듣겠네.

"괜찮아, 괜찮아. 천천히 먹어."

내 말을 무시라도 하듯 사토미는 볼이 미어져라 빵을 입에 집어넣고 우유를 엄청난 기세로 빨아먹는다. 빈 우유팩은 쑥스러운 듯 주머니에 넣었다.

전에도 그러더니, 사토미는 왜 우유 먹는 모습을 보이는 걸 창피해 할까?

뭐, 그건 아무려나 상관없다. 그보다 오늘은 평소와 달리 저녁놀 속에서 하는 공부가 아니라는 점이 중요하다. 첫 점심시간의 수학공부다.

생각했던 것보다 별 거 아니긴 하지, 응.

"시간이 많지 않으니까 바로 시작할게요. 오늘부터 적분에 들어갑니다."

오, 오늘은 댓바람에 수학 폭주모드가 켜졌구나. 그야

그렇겠지, 점심시간은 짧으니까.

"적분의 기초적인 생각은 고대 이집트에서 탄생했어요."

"전에도 들었지만 이집트 대단하다. 3000년 전이었던가?"

"아득히 오랜 세월을 건너왔지요, 적분은."

황홀한 표정을 지으며 사토미는 말했다.

"당시 이집트에서는 툭하면 나일 강이 범람을 했는데, 그 때마다 땅의 형태가 바뀌었이요. 그래서 정확한 넓이를 측량하기 위해 이 계산법이 탄생했어요."

"그렇구나. 이게 없으면 살 수가 없었겠군……."

"그래요. 고대 이집트에서 행해졌던 이 넓이를 구하는 방법이 적분의 기초가 되었어요."

"그래서 어떤 방법으로 넓이를 구했어? 역시 가로 곱하기 세로?"

"네. 그때 이미 이집트 사람들은 사각형이나 삼각형의 넓이 구하는 법을 알고 있었어요. 그걸 응용해서 땅의 넓이를 구하고 있었죠."

"3000년 전부터 넓이 구하는 법을 알고 있었다는 것만으로도 대단하다. 그런데 땅이 사각형이나 삼각형 모양만 있는 게 아니잖아?"

"바로 그거예요!"

샤프 찌르기 신공! 지금부터는 슈퍼 사토미 타임!

"오히려 불규칙적인 형태가 더 많잖아요. 그중에서도 꼭 필요했던 게, 곡선으로 둘러싸인 땅의 넓이를 정확하게 구하는 방법이었어요. 자, 미카미 군, 어떻게 해야 되죠?"

"엥, 나? 음…… 곡선의 땅이라. 미안, 모르겠어!"

나는 이집트인에게 완패했다.

"그들은 계측하고 싶은 땅을 사각형이나 삼각형으로 구획을 나누어서 따로따로 넓이를 계산했어요. 그런 다음 그 값을 합계해서 총 넓이를 냈죠. 이거 좀 보세요."

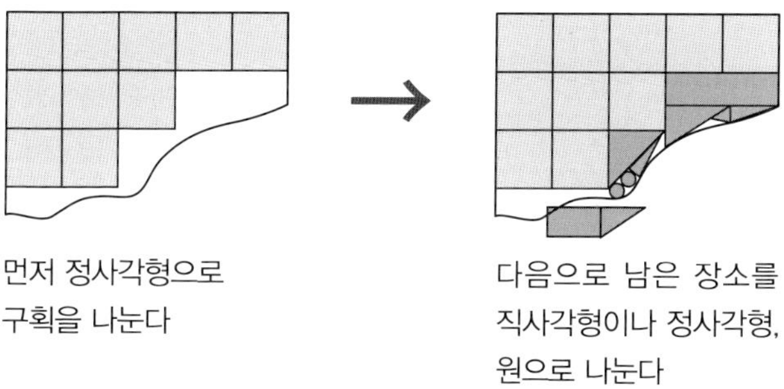

먼저 정사각형으로
구획을 나눈다

다음으로 남은 장소를
직사각형이나 정사각형,
원으로 나눈다

"그렇구나. 그러고 보니 삼각형이나 사각형, 원으로 구획을 나누면 되겠다."

"이런 식으로 새끼줄과 말뚝으로 땅을 나눈 다음 그 구획별로 계산하고 합계를 내서 대강의 넓이를 구했어요. 이집트 사람들 대단하죠!"

음. 이집트인 무시무시하군. 진정 존경한다.

아르키메데스의 실진법(悉盡法)

"고대 이집트에서 실시된 넓이 구하는 법을 한 단계 발전시킨 것이, 기원전 3세기 무렵의 그리스 시대에 살았던 아르키메데스예요."

"응. 이름은 알아!"

뭘 한 사람인지는 모르지만.

"아르키메데스는 복잡한 형태를 띤 것이나 곡선으로 에워싸인 것들도 먼저 같은 크기의 작은 사각형으로 분할하고 나중에 그 사각형의 넓이를 합계하는 방법을 생각해 냈어요. 이 방법을 실진법이라고 해요."

사토미는 그렇게 말하더니 자잘한 모눈으로 뒤덮인 홋키이도 그림을 보여줬다.

"잘게도 쪼갰네."

"이 방법은 분할하는 사각형이 크면 클수록 실제 넓이와

오차도 커지기 때문에 분할 하는 사각형의 크기를 점점 작게 해나가는 거예요."

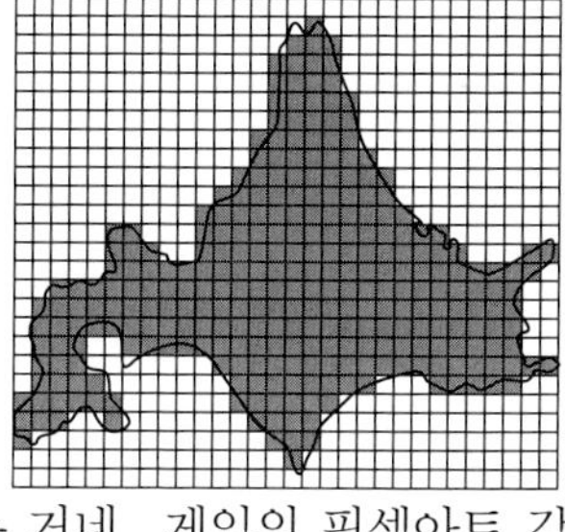

"그렇구나. 분할하는 사각 형의 크기를 작게 하면 할수 록 원래 형태에 가까워져 가는 거네. 게임의 픽셀아트 같 은 느낌이다."

"이런 식으로 확실하지 않은 형태의 넓이는 먼저 잘게 분 할하고 그것들을 마지막에 합계하면 정확한 넓이에 한없이 가까운 수치를 구할 수가 있어요."

"한없이 잘게 분할한다 이거지."

어? 한없이 잘게, 이거 어디서 들은 기억이 나는 것 같은데?

"이게 적분의 기초적인 개념이에요. 이걸 응용하면 부피 도 구할 수 있어요."

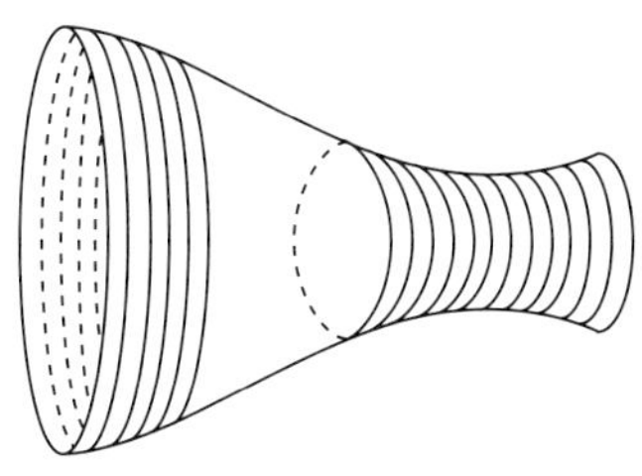

적분이란 잘게 쪼갠 것을 쌓는 것

"적분이란 잘게 쪼갠 것을 쌓는 거예요. 응용하면 넓이나 부피를 구할 수가 있어요."

"지도 같은 데 사용할 것 같다."

"맞아요. 예를 들어 이런 이상한 형태의 넓이를 구하고 싶을 때는 수많은 직사각형으로 분할한 다음 나중에 합하면 되요."

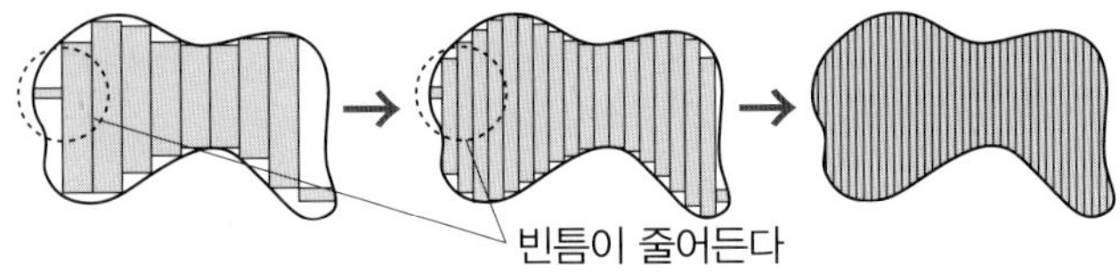

"더 정확한 넓이를 구하려면 어떻게 할까요?"

"이 직사각형의 폭을 자꾸자꾸 작게 만들어 가면 되겠네."

아까부터 근질근질하니 머리에 걸리던 게 더해졌는데.

"마지막에는 선이 될 정도로 잘게 쪼개요. 평면은 무한한 평행선이 모인 것이고, 입체는 무한한 평면이 모인 거니까요. 알겠죠, 무한 좋아하시는 미카미 군."

"어어, 무한 좋아."

무한과 스릴과 자폭장치는 남자의 로망이니까.

"그렇게 무한하게 쪼갠 평행선이나 평면을 나중에 합계하면 넓이나 부피를 구할 수 있는 거예요. 이걸 생각해 낸 사람이 17세기의 이탈리아인, 카발리에리예요."

내 근질근질한 의문을 전달하기 위해 사토미에게 말했다.

"이 무한히 작게 하는 거, 극한까지 작게 하는 거 말이야, 미분할 때……."

딩동댕동.

시간을 알리는 학교의 종소리는 비정하게도 너무도 정확했다.

첫 약속

"죄송해요. 다음 시간 음악이라서 얼른 가야 되요!"

퉁탕퉁탕 탁. 여기저기로 튕겨나가는 참고서들. 스위치 오프 모드의 사토미는 빈틈투성이의 덜렁이 그 자체가 된다.

"야, 뭐가 그리 급해……."

"오늘 수업 끝나면 도서위원 모임이 있기 때문에, 꺅!"

"응, 알았어 알았어. 알고 있으니까……."

하나를 고쳐놓으면 또 하나를 쓰러뜨리면서 혼자서 우당탕퉁탕 난리다. 구경하기에는 재미있긴 한데 마냥 재미있어 할 수만도 없다.

"아, 아야……. 내일까지 적분 부분, 예습해서 와주세요!"

사토미는 메모지를 붙인 노트를 나에게 내밀었다. 역시나 손때 문은 노트다.

"올 때까지 기다릴게. 사토미한테 직접 배우고 싶어."

발이 걸려 곱드러질 뻔하면서 사토미는 살짝 말문이 막힌 표정을 지었다.

"예. 저도 그……. 아, 아니, 가능하면…… 하면 되니까요……."

어? 내가 뭔가 이상한 말을 했나? 아니다, 사토미의 오프 모드는 늘 이런 건가.

"좋았어. 예습해올 테니까, 다음에도 부탁해!"

대답은 없다, 사토미는 나에게 떼밀듯 노트를 건네주더니 도망치듯 도서실에서 나갔다. 얼굴은 계속 숙인 채.

밤, 사토미한테서 메일이 왔다.

수신 메일

××××/××/×× 21 : 30

From 사토미 사야카

subject 오늘은……

이 시간에 죄송해요.

오늘은 시간을 많이 내지 못해 미안했어요.

그리고 방과 후에 있었던 도서위원 모임에서, 내일은 도서실 정

리를 하기로 결정이 나버렸어요. 죄송해요.

대신 일요일에 시립도서관에서 공부하지 않을래요?

오전 10시부터 하면 어떨까요? 내일 다시 메일 보낼게요.

오늘은 정말 죄송했어요…….

이렇게까지 미안하고 죄송하다는 말투성이인 메일을 받기는 처음이다.

뭐, 사토미답다면 또 사토미답긴 하지만 말이야.

평소 같으면 일요일에는 낮까지 퍼질러 자는 게으름뱅이인 나지만 사토미랑 한 약속이니까. 한번 일찍 일어나기로 해볼까.

나는 사토미의 메일에 '알았어.'라고만 답을 써서 보냈다.

1. 적분발전의 역사

① 적분의 기초적인 개념은 기원전 3천 년 전의 고대 이집트 시대에 탄생했다.

② 기원전 370년경의 에우독소스가 고안한 실진법을 기원전 3세기의 그리스 시대에 아르키메데스가 응용해 발전시켰다.

③ 17세기에 카발리에리가 평행선이나 평면으로 분할, 합계하는 방법을 생각했다.

④ 그 후 뉴턴과 라이프니츠가 이 생각을 더욱 발전시켰다.

● 아르키메데스 ······ 고대 그리스 시대의 수학자. 욕조에 들어갔을 때 욕조에서 흘러넘치는 물의 양을 재면 부피를 구할 수 있다는 사실을 발견한 일화는 유명하다.

● 카발리에리 ······ 17세기 이탈리아 수학자. 본명은 프란체스코 보나벤추라 카발리에리. 미분적분의 이론형성에 커다란 영향을 끼쳤다는 말을 듣고 있다.

2. 아르키메데스의 실진법

● 분할하는 사각형의 크기를 점점 작게 해나가서 그것들을 합계한 넓이를 실제 넓이에 근접하게 만들어가는 방법.

3. 카발리에리가 생각한 넓이와 부피 구하는 법

● 평면은 평행선으로 분할한 다음 합계해서 넓이를 구한다.

● 입체는 평면으로 분할한 다음 합계해서 부피를 구한다.

160

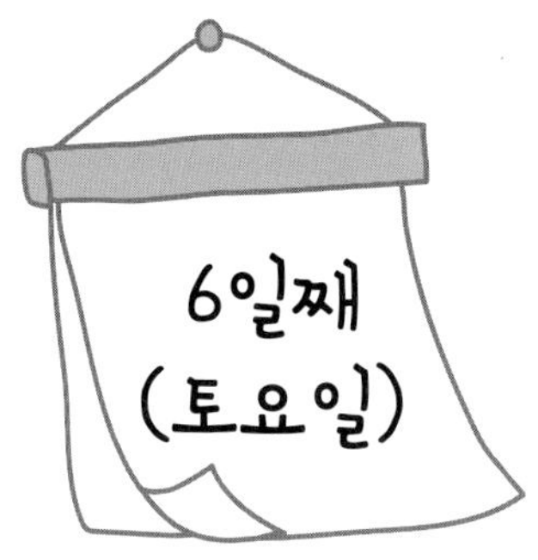

사토미한테서 온 메일2

토요일. 흐림.

책상 앞에 앉아 노트를 펼치는 나.

뭐지, 이 상황은.

토요일에 노트 따위를 펼친다는 건 지금껏 상상도 할 수 없었다. 있을 수 없는 일 아니야?

지금까지 '휴일은 쉬는 날'을 신조로 살아왔지만 그보다 중요한 건, 약속은 지키는 남자, 그게 바로 나다.

"내일까지 적분 예습해 오세요!"

그렇게까지 말하는데 할 수밖에 없잖아.

"예. 저도 그……. 아, 아니, 가능하면…… 하면 되니까
요…….”

어제 사토미가 머뭇머뭇하며 말하던 목소리가 떠오른다.

그 녀석, 목소리 좋더라. 언제 한번 같이 노래방에 가보
고 싶긴 한데, 오프 모드 상태에서는 마이크를 손에 쥔 채
고개만 푹 숙이고 있겠지.

이렇게 시답잖은 생각들을 하고 있는데 사토미한테서 메
일이 왔다.

나는 휴대전화를 열어 메일을 확인했다.

> 수신 메일
>
> ××××/××/×× 13 : 02
>
> From 사토미 사야카
>
> subject 문제 1
>
> 문제입니다. $y=x^2$의 그래프 상의 두 점, A(1, 1), B(2, 4)의
> 기울기는?

…… 폰으로 메일을 자주 주고받는 편은 아니지만, 나,
이런 멋대가리 없는 제목의 메일을 받아본 건 처음이다.
게다가 본문은 연습문제만 달랑…….

음, 사토미답네.

그나저나 꼭 수수께끼나 스무고개를 하는 것 같아서 맞추려는 의지가 활활 불타오른다.

좋았어, 풀어 주지. 내가 어디까지 가능한 남자인가 보여 주겠어.

그러니까 한마디로, 점AB를 이은 직선의 기울기를 구하라는 거지? 오케이.

발신 메일

×××× /×× /×× 13 : 10

To 사토미 사야카

subject Re : 문제 1

일차함수(직선의 기울기)는

세로길이의 차÷가로길이의 차＝y좌표의 차÷x좌표의 차

＝$(4-1)÷(2-1)=3$

보냈다, 우후후.

무뚝뚝한 메일이라고? 나도 그렇게 생각한다.

하지만 '열의가 담긴 3'이거든. 그냥 '3'이 아니라고!

몇 분 쯤 지나서 사토미한테서 답 메일이 왔다.

답만 확인하면 되는데 이렇게 시간이 걸린 걸 보면 자판 치는 게 느린가 보다.

오호. 바로 이차함수 문제가 왔네.

며칠 전의 나였다면 아마도 포기해 버렸을 문제였겠지만, 지금의 나는 사토미한테서 칼과 방패를 전수받은 투사가 된 기분이다.

던져만 줘, 다 풀어 버리겠다!

2승의 그래프 기울기를 어떻게 구하더라. 음, 그러니까…….

아, 맞다. 그러니까 점 B(2, 4)의 접선의 기울기를 구하면 되는 거였지. 잘 되어가고 있어, 잘.

$y=x^2$을 미분해서 도함수를 구하면 되는 거잖아.

나는 속도를 내서 문제를 빨리 풀려고 애썼다.

1초라도 빨리 답하고 싶었다.

좋은 모습이라도 보여주고 싶은 심리일까.

발신 메일

×××× / ×× / ×× 13 : 23

To 사토미 사야카

subject Re: 문제 2

$y=x^2$을 미분하면 도함수는 $y'=2x$

따라서 점 $B(2, 4)$의 접선의 기울기는 $y'=2x$의 x에 2를 대입

해서 $y'=2\times 2=4$

이번 답 메일은 빨리 왔다.

사토미가 휴대전화를 들고 기다리는가 싶어서 왠지 기분

이 좋다.

조금 즐거워졌다.

수신 메일

×××× / ×× / ×× 13 : 26

From 사토미 사야카

subject 문제 3

맞았어요, 정답입니다! 그럼 마지막 문제입니다.

$y=x^2$의 그래프 상의 점 B$(2, 4)$를 지나가는 접선의 식은?

후후후. 마지막으로 서비스 문제인가!

발신 메일

××××/××/×× 13 : 28

To 사토미 사야카

subject Re: 문제 3

간단하지!

접선의 식은 점 B$(2, 4)$의 기울기가 4니까, $y=4x$

이번에는 시간이 좀 걸렸다.

어? 기울기니까 맞을 텐데?

돌아온 답 메일은, 제목부터가 안타까웠다.

수신 메일

××××/××/×× 13 : 36

From 사토미 사야카

subject 안타감네요!

아깝다! 틀렸어요.

이건 기울기가 4이고 점 B(2, 4)를 지나가는 직선의 식을 구하는 거예요.

일차함수의 직선의 일반식인 $y=ax+b$에 알고 있는 값을 대입해서 모르는 값을 구하는 거죠.

안타까운 건 사토미 넌데, 하고 생각하면서도 수긍했다.

그렇군, 이건 함정이 있는 문제였어. $+b$의 존재를 까맣게 잊고 있었다.

그럼, 기울기 4를 대입하면 되는 거지? 마지막 문제이기도 하니 신중하게 가볼까.

답신 메일

2011/09/17 13 : 50

To 사토미 사야카

subject Re: 안타깝네요!

그렇구나. 기울기가 4에, 점 B(2, 4)의 좌표를 대입하면 $a=4$이고 $x=2$, $y=4$니까 $4=4\times2+b$, $4=8+b$가 돼서, $b=4-8$가 되지.

따라서 접선의 식은 $y=4x-4$야.

이번엔 맞겠지!

사토미처럼 손가락 끝으로 샤프펜슬을 돌려보려고 해봤지만 한 번도 성공하지 못했다.

…… 난, 손재주가 없나 보다.

어, 답장 왔다!

2011/09/17 14 : 00
From 사토미 사야카
subject 정답입니다!
정답입니다!
그럼 내일도 잘 부탁드립니다.
그리고 오타 난 거 왜 말 안 해줬어요!
미카미 군 바보!!!!!!!!

바보래, 그 녀석도 참. 느낌표가 여덟 개네. 너무 귀여운 거 아니야?

그나저나 내일 도서관 수업, 살짝 기대되는데.

사토미는 어떤 옷을 입고 나올까 나 무슨 옷을 입고 나가지?

그런 생각들을 하며 히죽히죽 웃고 있던 나는, 그 뒤 일어날 일을 상상조차 하지 못하고 있었다.

페르마의 마지막 정리

페르마의 마지막 정리란 17세기 프랑스의 수학자 피에르 드 페르마(1601−1665)가 수학서적의 여백에 남긴 메모를 토대로 한 것으로, 다음과 같은 정리이다. 'n이 3 이상인 자연수일 때, $x^n+y^n=z^n$이 되는 자연수 x, y, z의 조합은 존재하지 않는다.' 페르마가 이 정리에 대해 다음 메모를 남긴 것은 아주 유명한 일이다. '나는 놀라운 방법으로 이 정리를 증명했지만 그것을 적기에는 이 여백이 너무도 좁다.' 결국, 이 정리는 그 뒤 360년간 아무도 증명하지 못하다가 1995년 영국의 수학자 앤드류 와일즈에 의해 증명되었다.

적분해 보자

7일째
(일요일)

8일째
(월요일)

시립도서관에서

약속장소인 시립도서관에 도착하니 사토미가 입구 바로 옆에 설치된 빨간색 우편함에 기댄 채 나를 기다리고 있었다.

기대하고 있던 사토미의 옷차림은 옅은 분홍색 바탕의 팔랑팔랑한 원피스와 무릎 아래까지 오는 까만색 레깅스, 어깨에는 고양이 모양의 미니 숄더백을 걸쳤다.

나를 본 사토미는 웃는 얼굴로 가볍게 까딱 인사를 하더니 종종걸음으로 다가온다.

학교에서는 수수하고 눈에 띄지 않던 사토미였지만 사복 차림은 그야말로 여자애라는 느낌을 딱 줬다. 그래, 거기까지는 좋다. 좋다고.

문제는, 고등학생치고는 유난히도 작은 체형인 사토미가 이런 옷을 입고 있으니 중학생은커녕 초등학생으로 보인다는 사실이다.

어울리지 않는 것은 아니다. 오히려 '웬 조그만 동물인가' 싶을 정도로 귀엽다. 하지만 이렇게까지 심하게 어울리는 것도 뭔가 좀 아니다 싶은 생각이 드는 건 왜인지…….

이쪽으로 다가온 사토미가 나에게 말을 건다.

"안녕, 미카미 군!"

인사하는 사토미를 보고 나는 크게 놀랐다. 사토미 얼굴에서 안경이 사라진 것이다. 이건 솔직히 예상하지 못했다.

"오, 오늘은 안경 안 쓰고 왔네."

"응. 쉬는 날에는 렌즈를 껴요."

예상치 못한 전개에 우물쭈물 어찌할 바를 모르고 있는 내 모습을 이상하다는 듯 보고 있던 사토미는 "왜요?" 하고 물었지만,

"아무 것도 아니야." 하고 대답한 나에게 "그렇구나." 하고 짧게 답하고는 "아하하." 하고 웃었다.

"오늘 하루도 열심히 합시다. 오늘은 비장의 연습문제와 참고자료를 준비해 왔으니까."

보통 이런 경우라면 직접 만든 도시락 이야기가 나왔어야 할 장면이지만 역시 사토미답다. 뭐, 기분 좋지만 말이야.

그런데 말이다. 사토미의 분위기가 학교에서 볼 때와는 전혀 다른 게 놀라웠다.

내 옆에서 걷는 사토미가 눈치 채지 못하도록 슬쩍, 나는 사토미의 모습을 다시 한 번 쳐다봤다.

확실히 보기에는 초등학생 같긴 하지만 얘도 나름내로 열심히 꾸미고 나온 것이리라. 안경을 벗은 것도 분명 그런 노력 중 하나일 것이다.

하지만 솔직히 말하자면 난 안경 쓴 모습이 더 좋거든. 뭐? 안경 페티쉬라고? 흥, 내버려 둬!

그런 생각들을 하다가 그만 나도 모르게 소리 내어 말을 하고 말았다.

"오늘 너, 평소랑 분위기가 다르다."

아따, 나란 인간이란…….

"뭐 어때. 귀엽네."

무슨 소릴 하는 거야, 나 지금. 웃지 마!

사토미는 어쩌고 있는지 봤더니 내 지독히 진부한 대사에 확연히 티가 날 정도의 반응을 보이더니 바로 고개를 숙인 채 우물쭈물하고 있었다.

원시함수(原始函數)와 부정적분(不定積分)

나와 사토미는 수학책이 진열된 코너에서 필요한 참고서를 몽땅 빌린 다음 "떠들 수 있는 곳으로 가요." 하는 사토미의 제안으로 지하에 있는 식당으로 이동했다.

우선 음료수를 책상에 내려 놓자마자 사토미의 강의가 시작된다.

"모레면 드디어 재시험이네요."

나는 깜박하고 있던 이 만남의 목적을 곱씹는다. 참 씁쓸

한 맛이구나.

"가능하면 오늘 안에 적분을 끝내버리죠. 내일 복습할 시간이 있어야 할 테니까요!"

"아, 그거 좋겠다. 그런데 오늘 안에 다 할 수 있겠어?"

"할 수 있어요!"

이 애의 힘 있는 한마디가 나를 안심시킨다. 그나저나 안경을 안 쓴 사토미의 얼굴이 바로 앞에 있다. 가슴이 이상하게 고동친다.

"그럼, 적분에 들어갑니다!"

사토미는 싱긋 웃는다. 폭주모드에 불이 탁 켜졌다.

"어떤 함수 $F(x)$를 미분한 결과가 함수 $f(x)$라고 쳐요. 이 경우 함수 $F(x)$는 미분하기 전의 함수라 해서 '원시함수'라고 하고, 구분하기 위해 '$F(x)$'로 대문자로 표시해요."

원시함수
$$F(x) \rightarrow 미분 \rightarrow f(x)$$

"잠깐만. 지금 기억을 더듬어……."

"전에 적분은 미분의 역산이라는 말을 한 적 있죠."

"그건 기억하고 있어. 덧셈과 뺄셈 같은 거, 맞지?"

"그래요. 그러니까 반대로 $f(x)$를 적분하면 원시함수 $F(x)$로 돌아가죠."

원시함수

$$f(x) \rightarrow \text{적분} \rightarrow F(x)$$

"이걸 염두에 두고 다음 함수를 미분하면 어떻게 될까요?"

$$f(x)=x^2,\, f(x)=x^2+1,\, f(x)=x^2+2$$

"쉽지! 전부 '$f'(x)=2x$' 잖아. 맞지?"

"정답입니다. 잘 기억하고 있네요."

말로는 쉽다고 했지만 사실 머리를 있는 힘껏 회전시킨 결과다.

"이걸 이해하기 쉽게 늘어놓으면 이렇게 되요."

미분

$$f(x)=x^2 \quad \rightarrow \quad f'(x)=2x$$
$$f(x)=x^2+1 \quad \rightarrow \quad f'(x)=2x$$
$$f(x)=x^2+2 \quad \rightarrow \quad f'(x)=2x$$

"적분은 미분의 역산이니까 도함수 $f'(x)$를 적분하면 원래 함수 $f(x)$로 돌아오게 되어 있는데, 뭐 깨달은 거 없어요?"

"오른쪽 식을 적분하면 왼쪽 식으로 돌아오는 거지. 어?

그렇게 되면 $f'(x)=2x$를 적분한 결과가 다 다르게 나오겠네.”

“그거예요!”

변함없이 샤프 돌리기, 그리고 찌르기!

“분명 미분의 역산이 적분인데, 실제로는 미분한 함수를 적분해도 반드시 미분 전의 원래 함수로 돌아가는 것은 아니에요.”

“미분하면 뒤의 숫자가 사라지니까. 어떻게 해야 돼?”

“예. 그래서 함수 $f(x)$를 적분하면 원시함수 $F(x)+C$가 된다고 생각하기로 한 거예요. 마지막 숫자가 무엇이 될지는 모르기 때문에 우선 C를 대용하는 거죠. 이 C를 ‘적분상수’라고 해요.”

“대리를 넣어둔다는 거네. C 대리님 수고가 많으십니다!”

“수고가 많으십니다.”

사토미가 내 말투를 흉내 냈다.

얼결에 우리는 눈을 마주치며 웃었다.

$$\text{원시함수}$$
$$f(x) \rightarrow 적분 \rightarrow F(x)+C\,(적분상수)$$

$$㉠\ 2x \rightarrow 적분 \begin{bmatrix} x^2 \\ x^2+1 \\ x^2+2 \end{bmatrix} \rightarrow \begin{array}{l} 뭐가\ 될지 \\ 모르므로 \\ C를\ 붙여둔다! \end{array} \rightarrow x^2+C$$

"이렇게 적분을 해도 원래 함수(원시함수)가 하나로 결정이 나지 않아요. 이 적분을 '부정적분'이라고 해요."

"부정적분?"

"예. 정적분처럼 딱 하나로 결정되지 않으니까 부정적분이에요. 적분한 결과를 미분했을 때는 원래대로 돌아가지만, 미분한 결과를 적분해도 완전히 원래의 함수로는 돌아가지 않아요."

"적이 만만치 않은데……. 무기라도 들어야 할 것 같아……."

"후후후."

사토미는 진지하게 고민하고 있는 나를 보고 웃었다.

$$\overset{\text{적분}}{} \quad \overset{\text{원시함수}}{} \quad \overset{\text{미분}}{}$$
$$f(x) \ \rightarrow \ F(x) + C \ \rightarrow \ f(x) \ \Rightarrow \ \text{원래로 돌아간다.}$$

$$\overset{\text{적분}}{} \qquad \overset{\text{미분}}{}$$
$$\text{예}\ x^2 + 3 \rightarrow \frac{1}{3}x^3 + 3x + C \rightarrow x^3 + 3$$
$$\Rightarrow \ \text{원래로 돌아간다.}$$

$$\overset{\text{미분}}{} \qquad \overset{\text{적분}}{} \quad \overset{\text{원시함수}}{}$$
$$f(x) \ \rightarrow \ f'(x) \ \rightarrow \ F(x) + C$$
$$\Rightarrow \ \text{하나로 정해지지 않는다.}$$

미분　적분

ⓔ $x^2+3 \rightarrow 2x \rightarrow x^2+C$ ⇨ 하나로 정해지지 않는다.

인테그랄과 부정적분 구하는 법

"이쯤에서 적분의 표시방법을 설명할게요. 함수 $f(x)$를 적분하는 것을 '$\int f_{(x)}dx$'(인테그랄 에프엑스 디엑스)라고 표시해요."

"윽! 이거다, 이거. 수업시간에 여기서 딱 막히더라고."

아, 거짓말. 여기뿐만 아니라 모조리 다 막혔습니다. 미안.

"$\int$ (인테그랄)을 '적분기호'라고 하는데 $\int f(x)dx$란 '함수 $f(x)$를 x에 대해 적분한다'는 의미예요. 참고로 '$f(x)$ → 적분 → F(x)+C'니까 '$\int f(x)dx$=F(x)+C'로 표시할 수 있어요."

"좋아, 알았어."

이번에 난 진지하다. 절대로 놓치지 않을 테다.

"부정적분을 구하는 방법을 설명할게요. 적분은 미분의 반대라는 걸 기억해 주세요. x^2, x^3, x^4을 미분하면 이렇게 돼요."

180

$$x^2 \to \text{미분} \to 2x$$
$$x^3 \to \text{미분} \to 3x^2$$
$$x^4 \to \text{미분} \to 4x^3$$

"이것과 반대인 게 적분…… 맞지?"

"예. 적분하면 이렇게 돼요. 뒤에 적분상수 C가 붙죠."

$$2x \to \text{적분} \to x^2 + C$$
$$3x^2 \to \text{적분} \to x^3 + C$$
$$4x^3 \to \text{적분} \to x^4 + C$$

"x의 오른쪽 위의 숫자(지수)를 하나씩 늘리는 거네."

"예. +1이 된 x의 오른쪽 위 숫자(지수)로 x 앞에 붙어 있는 숫자(계수)를 나누면 돼요. 미분할 때는 곱했으니까, 반대죠."

"그렇구나."

"일반적인 공식으로 표시하면 이래요. 마지막에 적분상수를 붙이는 걸 잊지 마세요."

$$\int ax^n dx = \frac{a}{n+1}x^{n+1} + C$$

"이게 새로운 무기구나."

"예. 미카미 군의 무기예요."

㉠ $\displaystyle\int 2x^2 dx = \frac{2}{3}x^3 + C$

"다음의 경우에도 각각을 적분하면 돼요."

$$\int (ax^m + bx^n)dx = \frac{a}{m+1}x^{m+1} + \frac{b}{n+1}x^{n+1} + C$$

㉠ $\displaystyle\int (x^5 + 3x^4)dx - \frac{1}{6}x^6 + \frac{3}{5}x^5 + C$

[연습문제]

다음 부정적분을 구해보자.

1. $\displaystyle\int x\,dx$

2. $\displaystyle\int x^2\,dx$

3. $\displaystyle\int x^3\,dx$

4. $\displaystyle\int 1\,dx$

5. $\displaystyle\int 2x\,dx$

6. $\displaystyle\int (4x+5)\,dx$

7. $\displaystyle\int (3x^2 + 8x + 2)\,dx$

[답]

1. $= \dfrac{1}{2}x^2 + C$

2. $= \dfrac{1}{3}x^3 + C$

3. $= \dfrac{1}{4}x^4 + C$

4. $= x + C$

5. $= x^2 + C$

6. $= 2x^2 + 5x + C$

7. $= x^3 + 4x^2 + 2x + C$

미분과 적분의 신비한 관계

"적분은 넓이를 구하기 위한 것이라고 했죠. 어떻게 해서 적분으로 넓이를 구할 수 있는지 설명할게요. 먼저 간단한 $y=1$이라는 상수함수를 볼게요. 이 그래프는 그림처럼 x축에 평행한 직선이 돼요."

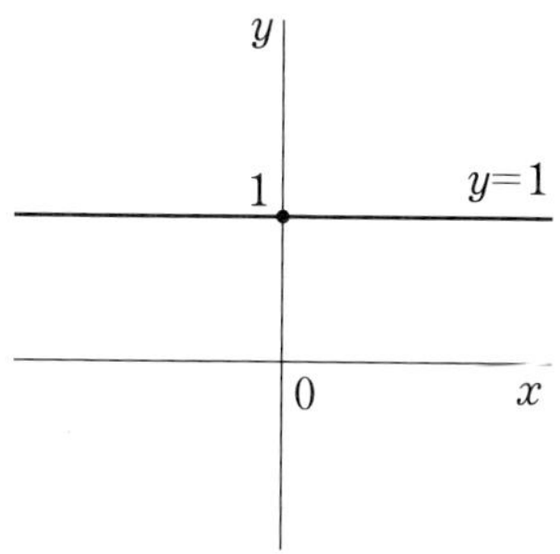

"아래 그림 같은 사각형의 넓이는 얼마가 될까요?"

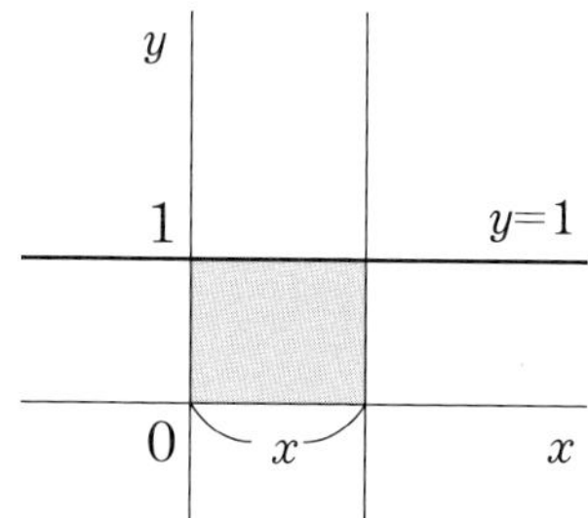

"세로＝1, 가로＝x니까 넓이는 $1 \times x = x$. 맞아?"

"예, 맞았습니다. 넓이를 나타내는 식을 알았으니까 이제 x만 알면 넓이도 알게 되죠. $x=1$이라면 넓이도 1, $x=2$라면 넓이도 2가 돼요."

"좋아, 알겠어! 응, 아직까지는 이해가 된다. 알겠다, 알겠어."

"다음으로, $y=2x$의 그래프와 넓이의 관계를 봐주세요. 이 $y=2x$의 그래프 사이에 생긴 삼각형의 넓이는 얼마가 되죠?"

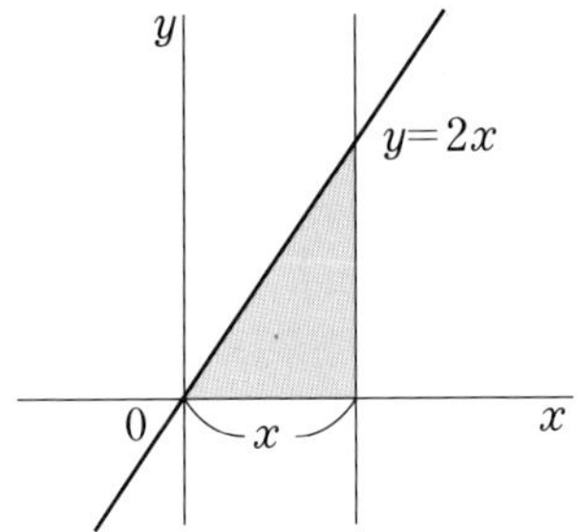

"삼각형의 밑변의 길이＝x잖아? 그리고 높이는 y니까, $y=2x$해서 $2x$."

"잘하고 있어요, 잘하고 있어!"

"좋았어! 삼각형의 넓이는 밑변×높이×$\dfrac{1}{2}=x \times 2x \times \dfrac{1}{2} = x^2$. 넓이 구하는 식을 알았으니까 x만 알면 넓이도 알게

되는 거지?"

"바로 그거예요! 이 두 개의 결과를 정리하면 이래요."

그래프의 함수식   넓이의 함수식

$y=1$ $\rightarrow$ 넓이$=x$

$y=2x$ $\rightarrow$ 넓이$=x^2$

"이걸 보고 뭐 생각나는 거 없어요?"

기분 탓인지 사토미가 좀 흥분한 것 같이 느껴진다.

나는 순간 고개를 갸웃하고 잠깐 생각했다.

잠시 뒤 머릿속에서 '딩동!' 하는 소리가 났다.

"아! 그레프의 식을 적분하면 넓이의 식이 된다는 거?"

"그거예요!"

최고조로 흥분한 사토미가 커다란 목소리로 소리를 지르며 자리에서 일어선다.

정신을 차리자 주위를 두리번두리번 살피더니 곧장 자리에 앉았다.

"콜록콜록." 하고 기침하는 연기를 하고 있다. 야, 너무 심하게 티가 난다.

무슨 일 있었냐는 듯 시침 뚝 뗀 얼굴로 사토미가 말을 잇는다.

"그래프의 식을 적분하면 넓이를 나타내는 식이 되요. 이유는 나중에 설명하겠지만, 여기서는 적분상수 C는 무시하세요."

그래프의 함수식 → (적분) → 넓이를 나타내는 함수식

$$y=1$$
$$y=2x$$
$$\Rightarrow (적분) \Rightarrow$$
$$넓이 = x$$
$$넓이 = x^2$$

"그리고 넓이를 나타내는 식을 미분하면 원래의 그래프 식이 돼요!"

한 번 식었던 흥분이 다시 뜨거워지는 모양이다.

좀 봐 줘. 나까지 흥분되기 시작하잖아!

넓이를 나타내는 함수식 → 미분 → 그래프의 함수식

$$넓이 = x$$
$$넓이 = x^2$$
$$\Rightarrow 미분 \Rightarrow$$
$$y=1$$
$$y=2x$$

"제가 전에 감동했다고 한 미분과 적분의 신비한 관계가 바로 이거예요! 어떤 함수와 그 함수에 의해 만들어진 넓이와의 사이에는 이런 엄청난 관계가 있었던 거예요!"

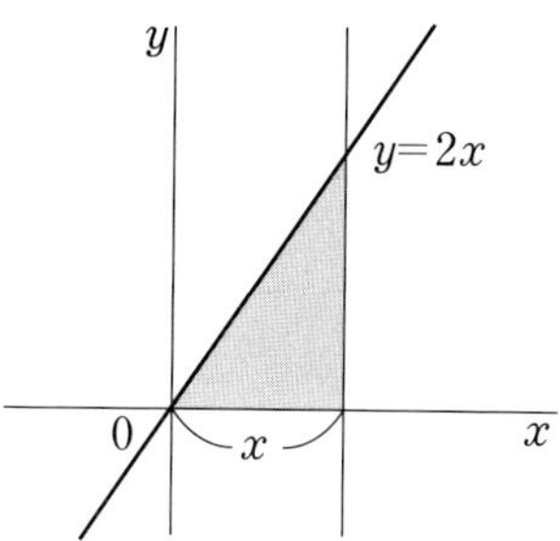

그래프의 함수 $y=2x$ → 적분 → 넓이의 함수 $=x^2$

"연결됐다!"

미분. 적분. 넓이. 사토미를 만나기 전까지는 이해할 수 없었던 이 셋의 관계가 지금 하나로 연결되었다.

그것도, 내가 푼 계산으로 말이다.

뭐지. 두근대며 북받쳐 올라오는 것 같은 이 느낌.

"대단하다. 이게 사토미가 감동했다는 신비한 관계란 거구나……"

"이 발견으로 이런 곡선이 만드는 넓이도 곡선의 함수식만 알면 간단하게 구할 수 있게 됐어요. 이거 정말 대단하지 않아요?"

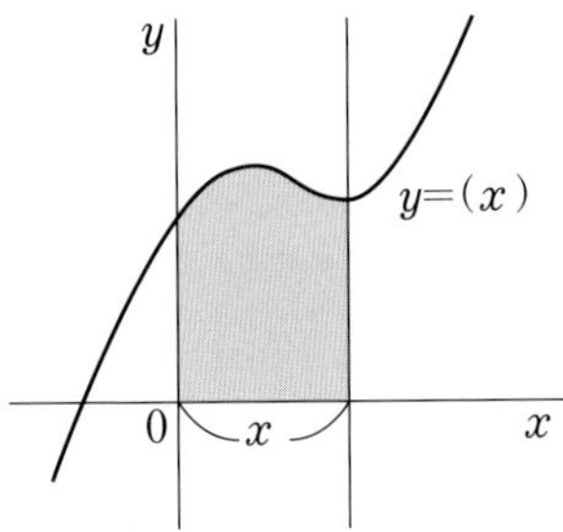

사토미의 감정이 격앙되어 있다. 큰일이다. 이런 건 전염이 잘 되거든.

나도 마음이 흔들리고 있다는 걸 깨닫고 있었다.

수학은 '도통 무슨 소린지 모를 암호'가 아니었다. 꼬박꼬박 순서에 따라 생각하면 눈에 보이는 형태로 확실하게 다가오는 매력적인 것이었다.

나는 보고 말았다. 사토미가 보고 있던 수학 세계의 광경을.

그리고 그 광경을 보여준 사토미의 얼굴이 무척이나 눈부시게 느껴졌다.

하나코 씨의 정체

“아…… 나 어쩌지. 굉장히 두근두근해.”

“그렇죠!”

사토미는 반짝반짝 웃는 얼굴로 나에게 말을 하며 마시고 있던 커피를 테이블에 놓았다. 크림 듬뿍, 설탕도 듬뿍. 이런 건 참 사토미답다.

“일주일 전의 나였다면 이런 재미있는 것도 모른 채 살았을 거 아냐. 널 만나서 다행이다.”

“저도…… 저도 미카미 군에게 감동을 전달할 수 있어서 행복해요!”

행복.

오랜만에 듣는 단어다. 하지만 지금 기분을 표현하기에는 이 단어가 가장 잘 어울릴 것이다.

“나, 처음에는 구관 도서실에 가는 거 좀 무서웠거든. 그 왜, 우리 학교 ‘도서실의 하나코 전설’이란 게 있잖아.”

“도서실의 하나코…….”

“어, 몰라? 그 뭐라더라, 몇 사람이 몰려서 가면 안 나타나는데 한 명이 가면 나타나서는 내준 책을 제대로 안 읽으면…….”

여기까지 말했다가 나는 입을 다물었다.

얏코가 해준 말이 워낙에 아니면 말고 식이긴 했지만 그래도 '죽는다'는 단어는 쓰고 싶지 않다.

"아아, 아하하하."

사토미가 쓰게 웃었다.

"그거, 아마 우리 언니 이야기일지도."

"아아…… 응, 뭐어?"

덜커덩!

사토미의 말에 놀란 나는 저도 모르게 일어서려다 테이블에 걸려 비틀거리는 바람에 종이컵에 든 커피를 쏟을 뻔한다. 간발의 차이로 세이프.

황급히 다시 앉고 작은 소리로 되물었다.

"무, 무슨 소리야?"

"우리 언니가 도서위원을 하던 때 신관을 지었거든요. 그때 도서실에 있던 책 대부분이 새 도서실로 옮겨졌는데 낡은 책이나 지저분한 책 같은 건 폐기하기로 했었대요."

"그래서?"

"언니는 그때 버려질 운명에 처한 책들이 불쌍해서 폐기할 책들을 두는 창고가 되어 있던 그 교실에 작은 도서실을 만들었다고 해요."

사토미는 쓰게 웃었다.

"하지만 결국 구관 도서실에는 아무도 찾아오지 않게 됐고. 그런데 얼마 뒤 언니는……."

사토미는 그까지 말했다가 입을 다물었다.

"그렇구나. 미안, 이상한 걸 물어봐서……."

"이상한 거?"

사토미는 놀란 토끼 눈을 하더니, 곧이어 말했다.

"언니는 그때 3학년이었기 때문에 졸업을 해버렸지 뭐예요."

"팔팔하게 살아있네!"

이 말이 반사적으로 튀어나온다. 내 걱정 돌려내!

사토미가 "에헤헤." 하고 웃는다.

"그 뒤에 입학한 제가 어쩌다 보니 언니 대신 구관 도서실을 관리하고 있어요. 그런데 난 사람들이랑 대화에 서툴다 보니 누가 찾아오면 나도 모르게 카운터 아래로 숨게 돼요."

다시 말해서 '도서실의 하나코 씨'의 정체는 사토미 자매였다는 건가. 나는 깊은 한숨을 내쉬었다. 그렇구나, 그렇게 되면 나이 문제도 말이 된다.

"하지만 저도 그곳 좋아해요. 미카미 군도 와주고요."

그렇게 말한 사토미는 맞은 편 자리에서 얼굴을 약간 숙인 채 살피듯 내 얼굴을 본다.

그런 사토미의 시선에 얼떨떨해진 나는 "슬슬 다시 진도 나갈까." 하고 퉁명스러운 말투로 휴식시간을 끝냈다.

정적분 구하는 법

"지금까지 설명한 부정적분은 마지막의 적분상수가 확정적이지 않기 때문에 답을 하나만 내는 게 불가능했어요."

"적분상수……. 아, 우선 끼워 넣은 $F(x)+C$의 'C' 부분이지."

"예. 예를 들어 'x가 a에서 b까지인 값을 구하라' 라고 하는 것처럼 구체적인 범위를 지정해서 적분하면 답이 하나로 정해지기 때문에 '정적분'이라고 해요."

"C가 없어도 답을 하나로 정할 수가 있어?"

"예. 참고로 정적분은 이렇게 표기해요."

$$\int_a^b f(x)dx$$

"$\int$ 의 오른쪽 옆에 붙어있는 a와 b는 '함수 $f(x)$의 $x=a$에서 $x=b$까지를 적분하시오'라는 의미로, $\int$ 아래쪽에 a,

위쪽에 b를 표기해요. 예를 들면 그림 같은 부분의 넓이를 구하는 경우 정적분을 이용해요."

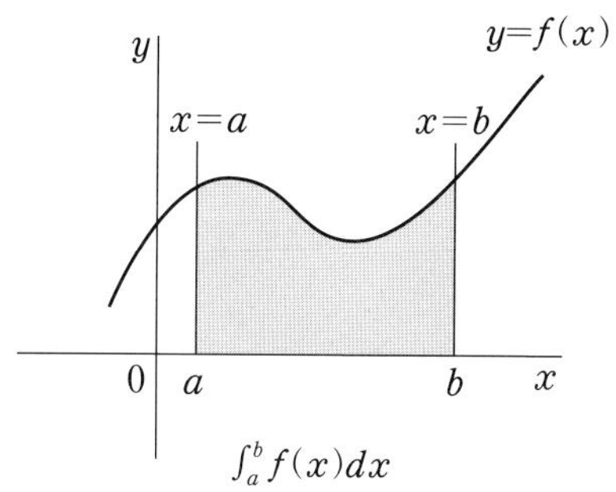

"이 부피를 구하려면 다음 계산을 하면 된다는 걸 알 수 있어요."

$(x=a$에서 b까지의 넓이$)=$

$(x=0$에서 b까지의 넓이$)-(x=0$에서 a까지의 넓이$)$

"미안한데, 이걸 계산하려면 어떻게 해야 되는 거야?"

"먼저 함수 $f(x)$를 적분하면 넓이를 나타내는 함수 $F(x)+C$가 돼요. 아까 말한 그거죠."

흐흠.

"이 $F(x)+C$에 a를 대입한 $F(a)+C$는, $x=0$에서 a까지의 넓이가 돼요. 마찬가지로 $F(b)+C$는 $x=0$에서 b

까지의 넓이가 되고요.

"0에서 a까지랑 0에서 b까지 말이지, 응응."

"이렇게 해서 $x=a$에서 b까지의 넓이$=(\mathrm{F}(b)+\mathrm{C})-(\mathrm{F}(a)+\mathrm{C})$가 되고 결국 적분상수 C가 사라지면서 $\mathrm{F}(b)-\mathrm{F}(a)$가 되는 거예요."

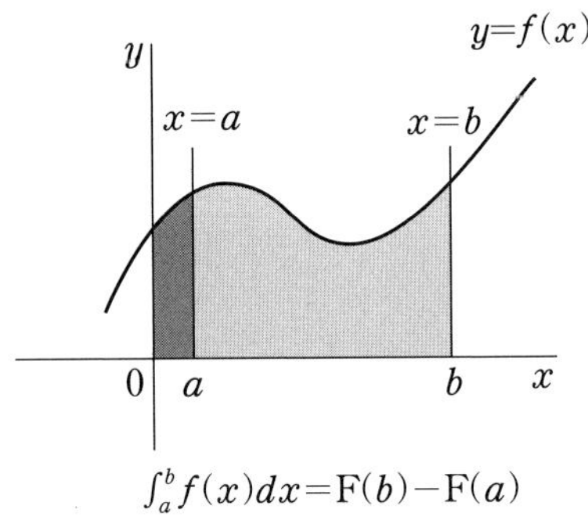

$$\int_a^b f(x)dx=\mathrm{F}(b)-\mathrm{F}(a)$$

사토미의 설명을 정리하면 이렇다.

$$f(x) \rightarrow 적분 \rightarrow \mathrm{F}(x)+\mathrm{C}$$
$$x=0에서\ a까지의\ 넓이 \rightarrow \mathrm{F}(a)+\mathrm{C}$$
$$x=0에서\ b까지의\ 넓이 \rightarrow \mathrm{F}(b)+\mathrm{C}$$
$$x=a에서\ b까지의\ 넓이 \rightarrow (\mathrm{F}(b)+\mathrm{C})-(\mathrm{F}(a)+\mathrm{C})$$
$$=\mathrm{F}(b)+\mathrm{C}-\mathrm{F}(a)-\mathrm{C}$$
$$\rightarrow 적분상수는\ 사라진다!$$
$$=\mathrm{F}(b)-\mathrm{F}(a)$$

194

“와! 진짜네. C는 이제 필요 없구나!”

눈이 번쩍번쩍 뜨인다. 안다는 게 이런 거였나!

사토미는 샤프펜슬을 2회전 시킨 다음 방금 설명한 공식을 쓰기 시작했다.

[정적분의 기본공식]

$$\int_a^b f(x)dx = F(b) - F(a)$$

$$\downarrow$$

계산할 때는, $\int_a^b f(x)dx = [F(x)]_a^b = F(b) - F(a)$라고 표기한다.

㉎ $\int_2^4 2x\,dx = [x^2]_2^4 = 16 - 4 = 12$

“그럼, 실제로 다음 정적분을 풀어주세요.”

$$\int_2^3 x^3\,dx$$

“음, 그러니까.”

$$\int_2^3 x^3\,dx = \left[\frac{1}{4}x^4\right]_2^3 = \left(\frac{1}{4} \times 3^4\right) - \left(\frac{1}{4} \times 2^4\right)$$

$$= \frac{81}{4} - \frac{16}{4} = \frac{65}{4}$$

"정답입니다! 그럼 이번에는 넓이를 구해보죠. $f(x)=$
$2x+1$의 그래프로 에워싸인 부분의 넓이를 구해주세요."

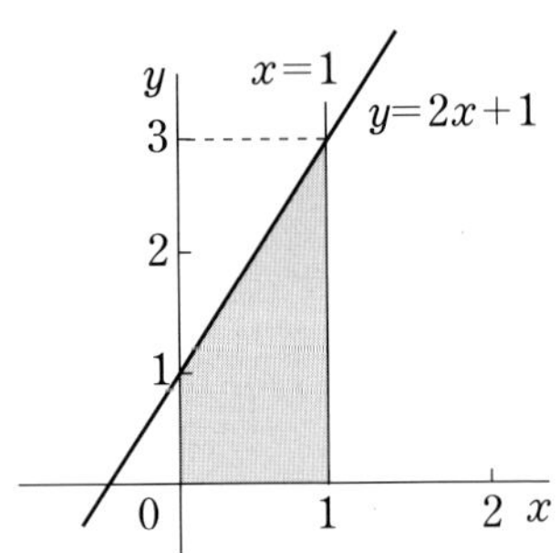

$$\int_0^1 (2x+1)dx = [x^2+x]_0^1 = (1+1)-(0+0) = 2-0 = 2$$

"어때?"

"예. 정답입니다!"

[연습문제] 다음 정적분을 구해보자.

1. $\displaystyle\int_2^4 x\,dx$

2. $\displaystyle\int_1^3 3x^2\,dx$

3. $\displaystyle\int_2^3 2\,dx$

4. $\displaystyle\int_1^2 (4x+3)dx$

[답]

1. $=\left[\dfrac{1}{2}x^2\right]_2^4 x = 8-2 = 6$

2. $=[x^3]_1^3 = 27-1 = 26$

3. $=[2x]_2^3 = 6-4 = 2$

4. $=[2x^2+3x]_1^2 = (8+6)-(2+3)$
   $=14-5 = 9$

196

[**연습문제**] 그림처럼 $f(x)=x^2$의 그래프와 $x=1$, $x=3$, x축으로 에워싸인 부분의 넓이를 구해보자.

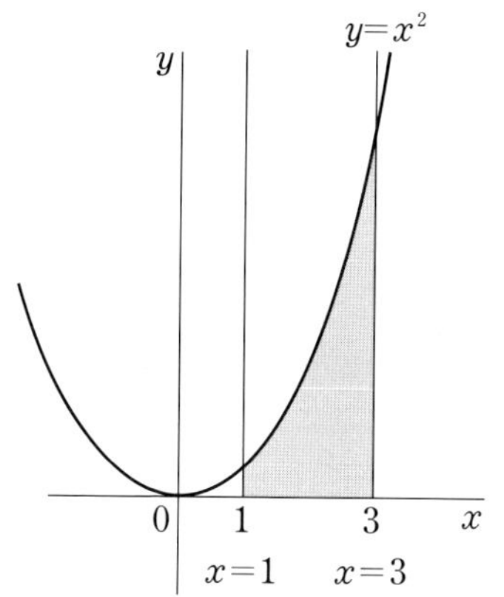

[답]

$$\int_1^3 x^2\,dx=\left[\frac{1}{3}x^3\right]_1^3$$

$$=\frac{27}{3}-\frac{1}{3}$$

$$=\frac{26}{3}$$

적분으로 부피 구하기

"다음은 적분으로 부피를 구해 봐요. 기본적인 생각은 넓이를 구하는 법과 똑같아요."

"넓이……. 잘게 분할한 그거?"

"그렇죠. 넓이는 선으로 분할했지만 부피는 면으로 분할한 것을 합하는 거예요."

"넓이를 적분하면 부피가 된다는 거지, 맞아?"

“그래요. 예를 들어 트럼프를 가지런히 정리해서 둔 것
과 그렇지 않았을 때의 부피가 변하지는 않잖아요.”

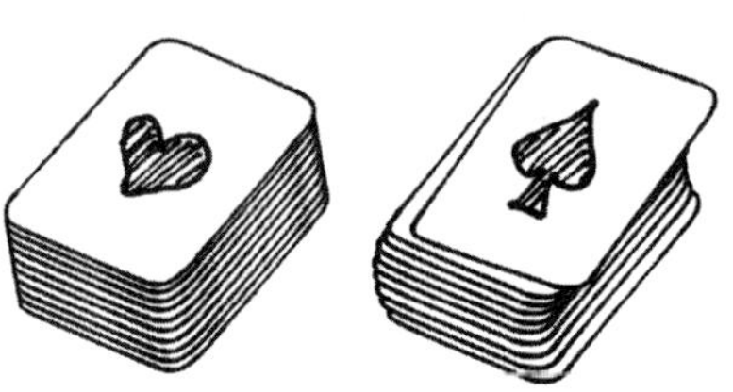

“쌓여 있는 트럼프를 어떤 형태로 변형한다 해도 매수가
변하지 않으면 부피도 변하지 않지. 그래서 부피를 구할
때는 어떻게 해야 돼?”

“입체의 절단면의 넓이를 적분하면 부피가 돼요. 먼저
간단한 것부터 실제 부피를 구해볼까요. 절단면의 부분,
단면적이라고 하는데 그 단면적이 가로 5센티미터에 세로
3센티미터, 높이가 10센티미터인 케이크의 부피는?”

“$5 \times 3 \times 10 = 150 \mathrm{cm}^3$. 좋았어, 이건 나도 안다.”

“그럼 이 케이크의 부피를 정적분을 이용해서 구해 보세요.”

“그게 그러니까……”

“적분을 이용하기 위해서는 단면적을 함수로 나타내야 해요. 이 케이크는 어디에서 잘라도 같은 형태, 같은 단면적이 돼요. 단면적을 $f(x)$라고 하면 어떤 함수가 되죠?”

“함수 ‘$f(x)=5\times3=15$’니까 $f(x)=15$?”

“정답이에요. 이 함수를 정적분해서 부피를 구해요!”

두근두근 설레어 보이는 사토미의 눈. 절대 틀릴 수는 없다.

“케이크의 높이가 10센티미터지? 0에서 10까지 정적분을 하면 되니까

$$\int_0^{10} 15\,dx = [15x]_0^{10} = 150 - 0 = 150\text{cm}^3.\ \text{어? 똑같다!”}$$

왔다, 왔어. 짤깍, 하고 딱 맞아떨어지면 역시 기분이 좋다니까.

“마찬가지로 원뿔의 부피를 구해볼까요. 밑면의 원의 반지름이 3센티미터, 높이 10센티미터인 원뿔의 부피를 구하는 공식은 뭘까요?”

“그건 기억난다. ‘밑넓이$\times$높이$\times\dfrac{1}{3}$’이잖아. 그러니까

$$3\times3\times\pi\times10\times\dfrac{1}{3}=30\pi\text{cm}^3.”$$

“정답입니다. 그럼 그걸 정적분으로 구해 보죠.”

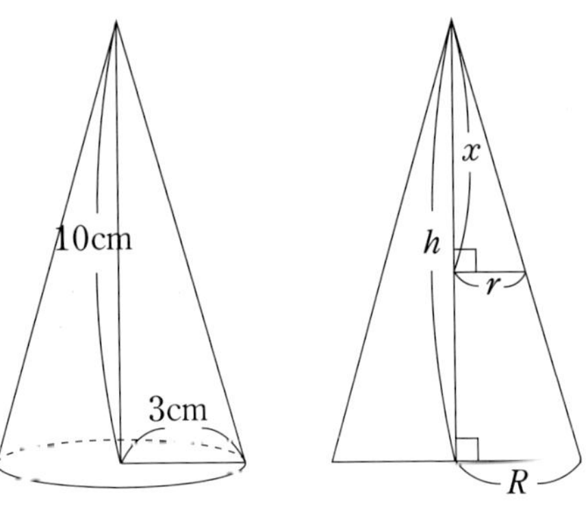

숫자를 대입하면 되요.”

$x : 10 = r : 3$이니까 $10r = 3x$,

절단면의 원의 반지름 $r = \dfrac{3}{10}x$.

그리고 꼭짓점에서 $x$cm 부분의 단면적을 구하면

$$f(x) = \dfrac{3}{10}x \times \dfrac{3}{10}x \times \pi = \dfrac{9}{100}\pi x^2$$

이걸 0에서 10까지 범위로 정적분하면,

$$\int_0^{10} \dfrac{9}{100}\pi x^2 dx = \left[\dfrac{3}{100}\pi x^3 \right]_0^{10}$$

$$= \dfrac{3}{100}\pi \times 1000 - 0 = 30\pi \text{cm}^3$$

“오오. 똑같아졌다!”

“그쵸!”

짝! 우리도 모르는 새, 나와 사토미는 하이파이브를 하고 있었다.

나는 절로 웃고 있었다. 사토미 역시 웃고 있었다.

회전체의 부피를 구해보자

"잠깐 응용 편으로 들어가 볼까요. 적분으로 부피를 구하는 방법으로 '회전체'의 부피도 구할 수 있어요."

"회전체?"

"원기둥이나 원뿔처럼 어떤 도형을 한 축을 중심으로 회전시킨 입체를 말해요. 예를 들면 원기둥은 직사각형의 중심을 축으로 해서 회전시킨 것이고 원뿔은 이등변삼각형의 중심을 축으로 회전시킨 것. 원의 중심을 축으로 회전시킨 게 구예요."

"오오. 위에서 보면 원이 되지."

"회전을 시켰으니까 축에 대해 수직이 되도록 절단하면 어디를 잘라도 절단면은 원이 되요."

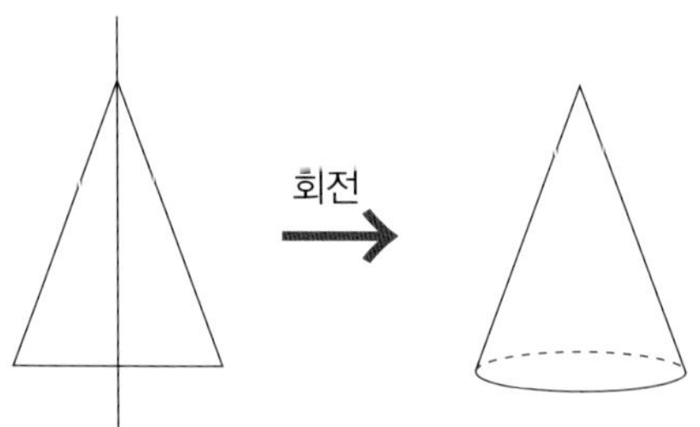

"그럼, 실제로 회전체의 부피를 구하려면 어떻게 해야 되는지 설명할게요. 먼저 그림과 같은 함수 '$f(x)=2x$' 의 그래프와 $x=1$부터 3까지의 부분을 x축을 중심으로 회전시켰을 때의 회전체의 부피를 구해볼까요."

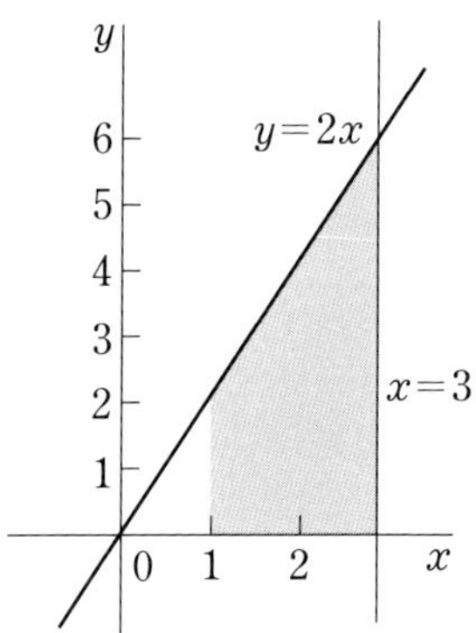

"이 회전체의 부피는 x축 방향으로 수직으로 절단한 절단면의 부피를 적분한 게 돼요. 이 경우 절단면의 부피를 구해주세요."

"절단면은 원인 거지. 그럼 원의 반지름만 알면 부피도 아는 거야?"

"예. 그게 핵심이에요."

"흐음. 그렇다면, x축에서 $f(x)=2x$의 그래프까지의 길이가 반지름이니까 $f(x)=2x$ 이 자체가 반지름이 되는 거 아냐?"

"그거예요! 이제 계산만 하면 되요."

"정적분으로 구하면…… ."

단면의 넓이$=2x\times2x\times\pi=4\pi x^2$

이것을 정적분하면,

$$\int_1^3 4\pi x^2 dx=\left[\frac{4}{3}\pi x^3\right]_1^3=36\pi-\frac{4}{3}\pi=\frac{104}{3}\pi$$

"원뿔 공식으로 구하면…… ."

$$6\times6\times\pi\times3\times\frac{1}{3}=36\pi$$

$$2\times2\times\pi\times1\times\frac{1}{3}=\frac{4}{3}\pi$$

$$36\pi-\frac{4}{3}\pi=\frac{104}{3}\pi$$

[연습문제] 접시의 부피를 구해보자. 접시의 안쪽 단면이 $f(x)=x^2+1$ 인 그래프의 $x=0$에서 $x=3$까지 범위로 나타낼 수 있다고 할 때 접시의 부피는?

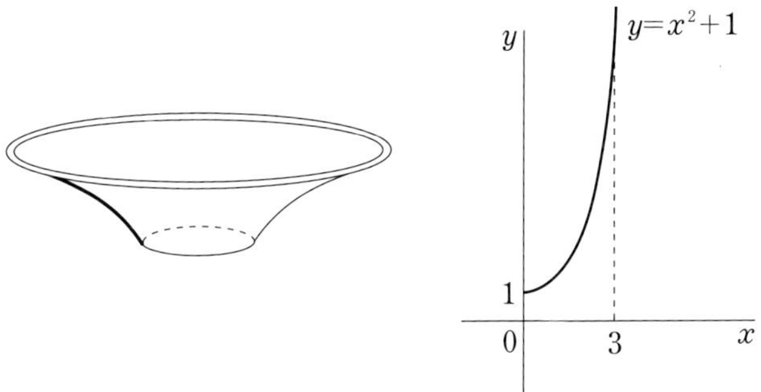

[답]

먼저 접시의 단면의 넓이를 구한다.

단면의 원의 반지름은 $f(x)=x^2+1$ 자체이므로,

원의 넓이 $=(x^2+1)\times(x^2+1)\times\pi=(x^4+2x^2+1)\pi$

"남은 것은 이것을 $x=0$에서 3까지 범위에서 정적분만 하면 되네."

$$\int_0^3 (x^4+2x^2+1)\pi dx=\left[\left(\frac{1}{5}x^5+\frac{2}{3}x^3+x\right)\pi\right]_0^3=dx$$

$$=\left(\frac{243}{5}+18+3\right)\pi-0$$

$$= \left(\frac{243}{5} + \frac{90}{5} + \frac{15}{5} \right) \pi$$

$$= \frac{348}{5} \pi$$

사토미의 비밀

"이것으로 시험범위는 끝났어요. 남은 것은 이제 내일, 요점만 복습하기로 해요."

"우와…… 진짜? 정말로?"

"정말이에요."

사토미는 눈썹 꼬리를 늘어뜨리며 웃었다.

"나, 진짜 수학 못했거든. 거의 포기하고 있었어. 13점을 받는 수준이었으니까. 다 네 덕분이야, 고마워."

"아니에요."

사토미는 두 손을 휘휘 저으며 말했다.

"수학은 어렵지 않아요. 재미를 깨닫고 순서대로 쫓아가기만 하면 누구든 할 수 있어요."

"그래도 정말 잘 가르친다. 이 노트도 직접 정리한 거지?"

"아, 이거요?"

나에게 빌려준, 메모지가 덕지덕지 발린 노트를 사토미는 손으로 쓰다듬었다. 그리고 쓴웃음을 짓는다.

"이거, 작년에 본 노트인데."

"작년……? 뭐?"

머릿속으로 나는 정리를 해봤다. 작년 단계에서 미적분을 배웠다는 말은 응?

"혹시 사토미 너, 3학년이야?"

"부, 부끄럽지만."

"선배였던 거야?"

심장이 홀딱 뒤집히고 뒤틀리는 느낌이었다.

아니 이렇게 키도 작고, 나한테 내내 높임말을 썼고, 나는 반말로 이야기했는데……. 지금껏 2학년 아니면 1학년이라고 철썩같이 믿고 있었단 말이다.

"숨길 생각이었던 건 아닌데 말이에요."

사토미는 고개를 갸웃하며 머리를 긁적였다.

"우와! 죄, 죄송합니다. 난 진짜 같은 학년 아니면 후배인줄 알고……."

"괜찮아요, 익숙하니까. 하지만 기뻤어요. 나, 지금까지 남학생들이랑 이야기해 본 적도 거의 없고, 같이 수학 이야기를 해주는 친구도 없었으니까. 쭉 이렇게 이야기 나누고 싶다고 생각했어요.”

“정말 죄송해요. 수험공부로 바쁜 시기에 시간을 빼앗아서.”

황송해서 높임말 모드. 아, 멋쩍어.

“그럼, 부탁 하나만 들어줄래요?”

사토미가 손에 든 샤프펜슬로 나를 가리키지 않고 말했다.

“앞으로도 높임말은 안 해주면 안 될까요? 그편이…… 나도 기분 좋으니까.”

눈앞에 있는 여학생은 쑥스러워 어쩔 줄 모르겠다는 듯, 하지만 처음 만났을 때와는 분명히 다른 밝은 얼굴로 나를 보고 있었다.

“예, 알겠습니…… 가 아니라, 알았어.”

선배인 걸 알면서도 반말을 하다니 뭐라 할 수 없이 낯간지럽지만 사토미의 부탁인데 그럴 수밖에 없잖아?

“그럼, 나도 부탁이 있는데 들어줄래?”

“뭐예요?”

심장소리가 진동처럼 귀까지 우르르 전달된다. 그래도 말할 거야.

“사토미도 나한테 반말하면 안 될까?”

“저, 저도요?”

경직된 목소리로 사토미는 대꾸했다. 생각보다 훨씬 큰 반응이었다.

"가능하면 그렇게 해달라고. 그편이 나도 가벼운 마음으로 이야기할 수 있으니까."

선배니까, 하는 말은 일부러 하지 않았다. 분명 사토미도 신경 쓰고 있을 테니까.

잠시 얼굴을 숙인 채 고민한 뒤 사토미는 까닥까닥 고개를 끄덕이며,

"알겠습니…… 가 아니라, 알았어."

하고 나와 똑같은 말로 대답하더니 쑥스러운 듯 웃었다.

시립도서관을 나서자 사토미는 조금 긴장한 표정으로 말했다.

"혹시 괜찮으면 같이 갔으면 하는 곳이 있는데……."

당연히, 지금껏 내 미적분 공부를 도와준 사토미의 부탁인데 거절할 수 없지.

"괜찮아." 하고 대답하자 사토미는 어색하게 "고마워." 하고 말했다.

이것이 사토미의 스위치 온도 오프도 아닌 상태인 것이다.

그때였다.

우리 뒤쪽에서 "여어. 13점!" 하는 목소리가 들려왔다.

"야, 얏코!"

절묘하게도 안 좋은 타이밍이다. 죄 지은 것도 아니니 별 상관은 없지만 굳이 이 타이밍에 튀어나올 게 뭔가. 이제부터 시작인 장면이었는데.

얏고는 완벽한 개성파라고 해야 하나, 하라주쿠와 아키하바라를 더해서 2로 나눈 것 같은 이상야릇한 의상과 액세서리로 몸을 휘감고 있었다.

옛날부터 이랬지. 이 녀석의 센스는 도저히 이해가 안 된다.

어쨌거나 핫핑크로 빛나는 손톱의 매니큐어는 눈부셨다.

"이 얏코짱의 시야에서 마사노리는 결코 도망칠 수가 없다니까."

얏코는 내 목에, 정확하고도 완전무결한 초크슬립(격투기 용어. 목 조르는 기술―옮긴이)을 건다.

"하, 항복! 이런 깅기자랑은 이런 데서 안 보여줘도 된다니까!"

나는 얏코의 팔에 탭아웃(격투기 용어. 상대선수의 몸이나 바닥 등을 두세 번 쳐서 항복을 알리는 의사표시―옮긴이)을 한다.

"핫핫핫. 좋았어, 봐준다. 근데 이런 데서 뭘 하고 있었어?”

앗코는 내 등에 몸을 기대고 머리 위에 턱을 얹더니 목 주위로 팔을 축 늘어뜨린 채 말했다. 이건 편해도 너무 편한 자세 아닌가?

“어? 그쪽의 여자 분은?”

“아, 그러니까 이쪽은.”

내가 사토미를 소개하려는 순간, 사토미는 나에게서 두어 걸음 뒷걸음질을 친 뒤 휘리릭 뒤로 도는가 싶더니 미처 부를 새도 없이 뛰어가 버렸다.

1. 원시함수란?

- 함수 $F(x)$를 미분한 결과가 함수 $f(x)$일 경우, 함수 $F(x)$를 원시함수라고 한다.

  원시함수
  $F(x) \to 미분 \to f(x)$ 다시 말해서 $F'(x) = f(x)$

2. 부정적분이란?

- 적분을 해도 원시함수가 하나로 정해지지 않기 때문에 부정적분이라고 한다.

  적분
  $f(x) \to F(x) + C(적분상수) \Rightarrow$ 하나로 정해지지 않는다.

- 부정적분의 기본공식

$$\int ax^n dx = \frac{a}{n+1}x^{n+1} + C$$

$$\int (ax^m + bx^n)dx = \frac{a}{m+1}x^{m+1} + \frac{a}{n+1}x^{n+1} + C$$

3. 그래프와 넓이의 관계

그래프의 함수식 적분 → 넓이를 나타내는 함수식

넓이를 나타내는 함수식 미분 → 그래프의 함수식

212

4. 정적분이란?

- 답이 하나로 정해지기 때문에 정적분이라고 한다.

- $\displaystyle\int_a^b f(x)dx \rightarrow$ 함수 $f(x)$의 a에서 b까지를 적분하라는 의미.

5. 정적분의 기본공식

$$\int_a^b f(x)dx = F(b) - F(a)$$

계산할 때는 다음과 같이 표기한다.

$$\int_a^b f(x)dx = \left[F(x)\right]_a^b = F(b) - F(a)$$

최악의 사건

어제 일은 정말 최악이었다.

하필 그 때 얏코랑 마주치다니…….

얏코 왈, 쇼핑하고 돌아가는 길에 우연히 지나간 시립도서관 앞에서 내가 낯선 여학생과 함께 있는 모습을 보고 놀려줘야겠다 싶어서 다가왔다고 한다.

얏코도 사토미가 그런 반응을 보일 줄은 몰랐던지 나에게 몇 번이나 "미안, 미안." 하고 쩔쩔 매며 사과를 반복했다.

도망친 사토미를 찾지 못한 나는 혹시나 해서 메일을 보내봤다.

‘아까는 놀라게 해서 미안. 어쨌든 이야기를 좀 하고 싶은데 답장 좀 보내줄래?’

그리고

한 시간.

두 시간.

세 시간……

이날, 하루 종일 사토미의 메일을 기다렸지만 결국 답장은 오지 않았다.

내일 확실하게 오해를 풀자.

분명 늘 보는 곳에서 만날 수 있을거야.

시험 전날

오늘은 공교롭게도 비가 내린다.

수업을 마친 뒤 늘 그랬듯 구관 도서실로 갔다.

노후화가 진행된 구관 건물은 지붕에 닿는 빗소리가 아주 크게 울려 퍼진다. ‘쏴, 쏴’가 아니라 ‘투두두둑’ 하는 거슬리는 소리가 났다.

비는 불안감을 커지게 만든다. 누군가에겐 괴로운 일도 그 어떤 일도 모조리 흘려보내 주는 은혜로운 비일지도 모르지만, 지금의 나에게는 즐거운 것들을 눈앞에서 가려 버리는 공포의 탄막 그 이상도 이하도 아니다.

그래, 무서워. 그럴 만하잖아?

우연히 일어난 최악의 사건 뒤 잠깐 연락이 안 되었을 뿐인데 이렇게나 불안에 떨고 있으니까. 어제까지 함께 보낸 그 즐거운 시간들이 신기루였나 싶은 생각까지 든다.

삐걱삐걱 울리는 복도의 나무 소리도 내 불안하게 뛰는 심박수를 올린다.

말 그대로 그 애가 진짜 '도서실의 하나코 씨'이고, 이대로 사라져버리는 건 아닐까. 애초에 사토미의 존재 자체가 꿈이었던 건 아닐까.

지금 농담하나!

그 애가 말했잖아.

"내일, 혹시 모르니까 오전을 복습하기로 해요."라고.

"앞으로도 잘 부탁해요."라고 말이야.

내가 사토미의 말을 안 믿으면 누가 믿는다는 거야!

나는 도서실 문을 힘차게 열었다.

미닫이문이 반대편 기둥에 부딪치면서 '쿵!' 하는 큰소리가 났다.

도서실에 들어가니 그곳에는 지금까지와 다름없는 풍경이 있었다.

늘 공부했던 창가의 책상.

책장.

도서출납대.

다른 것은, 카운터 자리에서 책을 읽는 사토미가 없다는 점이다.

"사토미……."

역시 오늘은 여기도 안 오려나, 하고 포기하기 시작했을 때, 카운터 테이블 밑에서 작은 소리가 들려왔다.

테이블 밑을 들여다보니 조그맣게 웅크리듯 무릎을 안고 앉아 있는 사토미가 보였다. '나 건드리지 마' 하고 말하는 듯한 기운이 풍겨나고 있다.

물론 그런 것쯤이야, 내가 부서 주겠다.

나는 도서출납대 아래로 기어들어가 사토미에게 말을 걸었다.

"사토미, 어제는 미안했어. 음, 그게. 저기, 어제 그 얏코라는 애는……."

야야. 겨우 사토미를 찾았는데 지금 뭐하는 거야. 솔직
히 뭐라고 말해야 좋을지 혼란스러웠던 것은 사실이지만
그래도 너무 한심하다, 나.

그런데 뜻밖에도 사토미는 동그랗게 웅크린 채 쿡쿡 웃
기 시작했다.

"미카미 군, 뭘 그렇게 당황해. 괜찮아. 난."

말은 그렇게 하지만 상처를 크게 입었다는 것은 척 보면
안다.

하지만 사토미가 입은 상처는 어제 사건이 이유가 아니
었다.

사토미가 나지막이 중얼거렸다.

"미안. 나, 못된 애인 것 같아."

"무슨 말이야?"

"그 일이 있고 나서 그 애, 우리 반까지 찾아왔었어. 우
습지, 몇 학년 몇 반인지도 모르는 날 찾아서. 모든 반을
다 돌아다녔대."

"그 녀석답네."

"그런데 난, 이야기를 듣기가 무서워서 도망치려고 했
어. 그랬더니 그 애가 내 어깨를 붙잡고 교실 안에서 큰소
리로 말을 하더라. '난 미카미 사촌'이라고. 부끄러웠어."

"내, 내가 부끄럽다, 그 상황은."

얏코 그 바보가 나한테는 말도 안 하고……. 땡큐.

"어쩐지 내가 한심하게 느껴지는 거야."

"무슨 소리야?"

"나, 그 애한테 질투했거든. 미카미 군을 성이 아니라 이름으로 부르는 데다 사이도 엄청 좋아 보이고. 틀림없이 명랑한 성격에 반에서도 인기 많은 애일 거라고 생각했어. 그런 생각을 했더니 가슴이 너무 아프고, 내가 너무 작게 느껴졌어."

"사토미……."

"나 있잖아, 알고 보면 나쁜 앤지도 모르겠어. 나, 미카미 군이 재시험에서 떨어졌으면 좋겠다고도 생각했다. 내일 미카미 군이 재시험에 붙으면 여기서 함께 수학 이야기를 할 수 없게 될 거라고 생각하니 왠지……. 나는 더 많이 이야기하고 싶은데 수학 이야기도 하고, 미카미 군이 좋아하는 것들 이야기도 하고, 더 많이 듣고 싶고 둘이 같이 웃고 싶은데. 하지만 재시험에 붙고 나면 못하게 될 거라고……. 멍청하지. 미카미 군은 시험에 붙으려고 함께 공부한 건데."

"아니야."

나는 말했다.

"시험 때문에 온 게 아니야."

사토미의 어깨를 잡아 일으켜 세운 다음, 숙이고 있는 얼굴을 내 쪽으로 돌렸다. 함께 미적분 문제를 풀던 때처럼 정면으로 마주보고 눈과 눈을 맞췄다.

“처음에는 재시험에서 합격점을 받기 위해서였지만 지금은 아니야. 네가 보고 있던, 네가 감동했다는 그 풍경을 나도 보고 싶었어. 어째서 그렇게까지 수학을 좋아할 수 있을까. 그리고 봤다고, 나노!”

“풍경……?”

“미분과 적분의 관계를 처음 알았을 때 감동해서 울었다고 했잖아. 나도 너와 함께 공부하면서부터, 그 감동을 맛보고 싶다는 생각을 했어.”

그리고 사토미는 나에게 그 풍경을 보여줬다.

안경 너머로 보이는 사토미의 눈에서 눈물이 흘러나와 뺨을 타고 흐른다.

“나쁜 애고 뭐고, 그런 건 아무래도 상관없어.”

“미카미 군…… ”

“사토미는, 너는, 나의 빛이니까.”

입으로 말하고도 온몸이 근질근질 해지는 대사라고 생각한다.

아니나 다를까, “풋.” 하고 사토미가 웃음을 터뜨렸다.

"미안. 그래도 뭔가, 기운이 난다."

"다행이다."

사토미의 어깨를 잡고 있던 손을 놓고 나는 말했다.

뭐? 여기는 끌어안을 장면이 등장할 차례라고?

연애를 해본 적 없는 역사가 인생의 길이와 똑같은 인간이 갑자기 그런 게 가능할 리가 있냐, 멍청하기는. 물론 당연히 끌어안고 싶었지.

"난 미적분 재시험에 당당히 합격할 거야. 그러니까 내일을 위해서 복습, 같이 해줄 거지?"

"응."

사토미는 안경을 벗어 헐렁헐렁한 소매로 눈물을 훔치더니,

"오늘은 연습문제를 잔뜩 준비해 뒀어."라며 울상이던 얼굴에 환한 웃음을 띠었다.

"오, 살살 다뤄주세요, 선배님."

"바보."

사토미는 늘 '아하하' 하고 웃는다. 아마도, 나밖에 보지 못했을 웃는 얼굴.

귀엽고 다정하고, 조금 어색한 그 얼굴.

나는 이 웃는 얼굴이 정말 좋다.

가능하다면 쭉, 이 웃는 얼굴을 보고 싶다.

재시험 결과

"그래서 몇 점 받았어?"

"후후후."

나는 얏코에게 재시험 용지를 들이댔다.

"88점!"

"무엇이!"

얏코가 멈칫한다.

"이 얏코 님보다 높은 점수를 받다니 이게 무슨 일인고?"

"게다가 이번에는 행운의 8(일본에서는 八을 행운의 숫자로 여긴
다.―옮긴이)이 두 개란 말이지. 낄낄 싱조야! 불길한 13점
이여, 안녕."

나는 내 이마를 딱하고 친다.

"바보 아냐? 그래서 오늘도 갈 거야?"

"당연하지. 보고해야지."

"이야, 러브러브모드네. 진정 부럽기 그지없사옵니다."

얏코는 두 팔을 쫙 벌려 미국인 스타일의 액션을 하며 과장스럽게 익살을 피웠다.

"고마워. 그 애한테 분명히 이야기해 줘서."

"뭘 그런 걸 가지고. 남동생 같은 마사노리 짱을 위한 일이니까."

뜨헉.

얏코는 내 의자를 빼앗으려고 강제로 끼어 앉았다. 그 커다란 엉덩이 좀 치워주셨으면 좋겠는데.

"얼른 갔다 오지?"

책상을 부여잡고 납죽 엎드린 얏코가 다시 한 번 힘껏 나를 떼밀었다.

"얼른, 얼른 갔다 와!"

얏코의 엉덩이에 밀려 의자 밖으로 떨어지게 생긴 나는 부랴부랴 자세를 바로 잡고 "기억해 두겠어." 하는 대사를 내뱉은 뒤 구관 건물의 도서실로 향했다.

구관 건물로 향하던 중에 문득, 처음 그 곳에 찾아갔을 때 일이 떠올랐다.

다른 세계로 빠져든 것 같은 불안감, 어둠 속에서 더듬

더듬 나아가는 것 같은 두려움. 그것들은 내가 수학에 품고 있던 것과 같은 감정이었다.

기호의 나열, 난해한 수학식, 버림받은 듯한 느낌…….

하지만 별 거 아니었다. 무섭다고 생각하니까 무서운 거다. 어렵다고 생각하니까 어려운 거다.

지금 나에게 구관 건물은 편안한 장소다.

이제는 어둡다거나 무섭다고 생각하지 않게 되었기 때문이다.

그리고 무엇보다, 사토미가 있다.

나는 언제나 그렇듯 건물 맨 구석의 교실, 도서실의 문을 열었다.

"어땠어?"

사토미의 밝은 목소리가 날아온다.

저녁놀의 새빨간 빛도 눈에 꽂혀든다.

"이런 ㄴ낌."

나는 들고 있던 답안지를 사토미에게 보여줬다.

이 자그마한 수학 소녀에게, 얏코에게 한 것처럼 자랑하기는 역시 좀 그랬다. 만점을 못 받아서 죄송할 따름.

하지만 사토미는 무척이나 기뻐해줬다.

"대단해! 대단하다, 미카미 군. 축하해!"

평소 같았으면 그래봐야 재시험인데 '대단하다, 대단하다' 하고 옆에서 호들갑을 떨어대면 단순한 조롱으로만 들렸을지도 모른다.

하지만 나는 알고 있다.

사토미는 언제나 정직하고, 그 애의 말은 언제나 진심에서 나오는 것이다.

"다 네 덕분이야."

"내가 뭘 한 게 있다고."

"하지만 단순히 공식만 암기해서 재시험에 도전했다면 분명 이런 기분은 들지 않았을 거라고 생각해."

"그렇게 말해주니 기분 좋다."

문득 보니, 사토미는 내 손을 잡고 있었다.

가녀리고 조금 차갑고, 작은 사토미의 손. 항상 샤프펜슬을 뱅글뱅글 돌리고 있던 그 가느다란 손가락.

안경 렌즈 너머로 보이는 사토미의 눈동자도 눈물로 촉촉이 젖은 것처럼 보였다.

큰일 났다. 이거 나도 전염될 것 같은데?

나는 별안간 화제를 바꿨다.

"그러고 보니 그때 도서관에서 나오는 길에 같이 가고 싶은 곳이 있다고 하지 않았어?”

“미카미 군, 기억하고 있었구나!”

사토미는 내 손을 다시 꾸욱 잡는다.

“다음 주 일요일에 시간 괜찮으면 거기 가지 않을래? 둘이서.”

사토미가 함박웃음을 지으며 나를 바라본다.

“가자, 가고 싶어! 사실은 근사한 카페가 있어요! ……있어!”

아직도 높임말 모드에서 벗어나지 못할 때가 있긴 하지만 반말로 말하려 애써주는 것만으로도 나는 기뻤다.

기분 탓인지 저녁놀이 한층 더 밝게 도서실을 비추고 있는 것처럼 느껴졌다.

타오르는 것처럼 새빨갛고 눈부신.

내일은 맑을 거야, 하며 손짓하고 있는 것 같은 저녁놀.

도서실에는 나와 사토미의 그림자가 길게 뻗어 있었다.

집으로 가는 길.

지금까지 일어난 일들 이야기로 한창 신이 나 있을 때, 나는 옆에서 걷는 사토미에게 부탁이 하나 있다며 말을 꺼냈다.

"뭐야? 정색까지 하고."

"다음 주 일요일 일 말인데…… 그…….'"

말하기 어려워하는 나에게 사토미는 "편하게 말해." 하고 상냥하게 말해줬다. 나는 큰맘 먹고,

"다음 주 일요일 약속 있잖아, 그때 안경 쓰고 나와 주면 안 될까?"

"왜?"

사토미의 맑은 눈빛이, 내 사악한 마음에 꽂힌다. 콱!

그렇게 물어봐도, 솔직하게 대답하기는 좀 망설여진다. 어쩌면 좋아한다고 고백하는 것보다 더 쑥스러울지도 모르

겠다.

"안경 잘 어울리기도 하고, 그게 나을 것 같아서."

나는 알쏭달쏭한 대답으로 어떻게든 얼버무리려 했다.

사토미의 얼굴을 슬쩍 보니 명백한 의심의 눈초리로 째려보고 있다. 찌릿찌릿.

속셈을 알아챘는지 내 얼굴 바로 밑에서 뻔히 올려다보며 이렇게 말한다.

"싫, 거, 든, 요."

낯 뜨거워 하는 나를 재미있어 하며 '아하하' 웃어버리는 사토미의 얼굴. 지금까지 본 것 중에 최고로 반짝반짝 빛나는 얼굴이었다.

너랑 나랑 통하는 미분적분

펴낸날	초판 1쇄 2013년 7월 15일
	초판 2쇄 2016년 6월 21일

지은이	노구치 데쓰노리 · 타마고마고
옮긴이	김소영
펴낸이	심만수
펴낸곳	(주)살림출판사
출판등록	1989년 11월 1일 제9-210호

주소	경기도 파주시 광인사길 30
전화	031-955-1350 팩스 031-624-1356
홈페이지	http://www.sallimbooks.com
이메일	book@sallimbooks.com

ISBN   978-89-522-2674-7 43410

살림Friends는 (주)살림출판사의 청소년 브랜드입니다.

* 값은 뒤표지에 있습니다.

* 잘못 만들어진 책은 구입하신 서점에서 바꾸어 드립니다.